U0322145

车 工

（第2版）

五 级

编审委员会

主　任　张　岚　魏丽君

委　　员　顾卫东　葛恒双　孙兴旺

　　　　　张　伟　李　晔　刘汉成

执行委员　李　晔　瞿伟洁　夏　莹

中国劳动社会保障出版社

图书在版编目(CIP)数据

车工：五级/人力资源社会保障部教材办公室等组织编写. – 2 版. – 北京：中国劳动社会保障出版社，2018

(1＋X 职业技能鉴定考核指导手册)

ISBN 978-7-5167-3532-9

Ⅰ.①车… Ⅱ.①人… Ⅲ.①车削-职业技能鉴定-自学参考资料 Ⅳ.①TG51

中国版本图书馆 CIP 数据核字(2018)第 141594 号

中国劳动社会保障出版社出版发行

(北京市惠新东街 1 号 邮政编码：100029)

*

北京市艺辉印刷有限公司印刷装订 新华书店经销

787 毫米×960 毫米 16 开本 6.5 印张 102 千字
2018 年 7 月第 2 版 2018 年 7 月第 1 次印刷

定价：18.00 元

读者服务部电话：(010) 64929211/84209101/64921644
营销中心电话：(010) 64962347
出版社网址：http://www.class.com.cn

前　言

职业资格证书制度的推行，对广大劳动者系统地学习相关职业的知识和技能，提高就业能力、工作能力和职业转换能力有着重要的作用和意义，也为企业合理用工和劳动者自主择业提供了依据。

随着我国科技进步、产业结构调整和市场经济的不断发展，特别是加入世界贸易组织以后，各种新兴职业不断涌现，传统职业的知识和技术也愈来愈多地融进当代新知识、新技术、新工艺的内容。为适应新形势的发展，优化劳动力素质，上海市人力资源和社会保障局在提升职业标准、完善技能鉴定方面做了积极的探索和尝试，推出了1＋X培训鉴定模式。1＋X中的1代表国家职业标准，X是为适应经济发展的需要，对职业标准进行的提升，包括了对职业的部分知识和技能要求进行的扩充和更新。1＋X的培训鉴定模式，得到了国家人力资源社会保障部的肯定。

为配合开展的1＋X培训与鉴定考核的需要，使广大职业培训鉴定领域的专家和参加职业培训鉴定的考生对考核内容和具体考核要求有一个全面的了解，人力资源社会保障部教材办公室、中国就业培训技术指导中心上海分中心、上海市职业技能鉴定中心联合组织有关方面的专家、技术人员共同编写了1＋X职业技能鉴定考核指导手册。该手册介绍了题库的命题依据、试卷结构和题型题量，同时从上海市1＋X鉴定题库中抽取部分试题供考生参考和练习，便于考生能够有针对性地进行考前复习准备。今后我们会随着国家职业标准和鉴定题库的提升，逐步对手册内容进行补充和完善。

　　本系列手册在编写过程中，得到了有关专家和技术人员的大力支持，在此一并表示感谢。

　　由于时间仓促，缺乏经验，如有不足之处，恳请各使用单位和个人提出宝贵意见和建议。

1＋X职业技能鉴定考核指导手册

编审委员会

改版说明

  1+X职业技能鉴定考核指导手册《车工（五级）》自2009年出版以来深受从业人员的欢迎，在车工职业资格鉴定、职业技能培训和岗位培训中发挥了很大的作用。

  我国科技进步、产业结构调整、市场经济的不断发展，对车工（五级）的职业技能提出了新的要求。上海市职业技能鉴定中心组织有关方面的专家和技术人员，对车工（五级）的鉴定考核题库进行了维护并已公布使用，并按照新的车工（五级）职业技能鉴定考核题库对指导手册进行了改版，以便更好地为参加培训鉴定的学员和广大从业人员服务。

目 录

CONTENTS 1＋X职业技能鉴定考核指导手册

车工职业简介

一、职业名称

车工。

二、职业定义

操作车床，进行工件车削加工的人员。

三、主要工作内容

从事的工作主要包括：（1）安装夹具，调整车床，装卡工件；（2）维护、保养和刃磨车刀；（3）操作卧式、立式车床及数控车床等，进行带有旋转表面的圆柱体、圆柱孔、圆锥体、圆锥孔、台阶面的切削加工，以及端面、特形面、车槽、钻孔、扩孔、铰孔和各种形式螺纹的切削加工；（4）维护、保养机床设备及工艺装备，排除使用过程中的一般故障。

第1部分

车工（五级）鉴定方案

一、鉴定方式

车工（五级）的鉴定方式分为理论知识考试和操作技能考核。理论知识考试采用闭卷计算机机考方式，操作技能考核采用现场实际操作方式。理论知识考试和操作技能考核均实行百分制，成绩皆达 60 分及以上者为合格。理论知识或操作技能不及格者可按规定分别补考。

二、理论知识考试方案（考核时间 90 min）

题型 \ 题库参数	考试方式	鉴定题量	分值（分/题）	配分（分）
判断题	闭卷机考	60	0.5	30
单项选择题		70	1	70
小计	—	130	—	100

三、操作技能考核方案

考核项目表

职业（工种）名称			车工		等级		五级	
职业代码								
序号	项目名称	单元编号	单元内容	考核方式	选考方法	考核时间（min）	配分（分）	
1	零件加工	1	要素组合轴一 CG501A—01	操作	抽一	240	100	
		2	要素组合轴二 CG502A—01	操作				
		3	要素组合轴三 CG503A—01	操作				
		4	要素组合轴四 CG504A—01	操作				
		5	要素组合轴五 CG505A—01	操作				
合　计						240	100	
备注								

第2部分

鉴定要素细目表

职业（工种）名称				车工	等级	五级
职业代码						
序号	鉴定点代码				鉴定点内容	备注
	章	节	目	点		
	1				基础知识	
	1	1			机械识图	
	1	1	1		绘图的一般知识	
1	1	1	1	1	图幅与比例	
2	1	1	1	2	正投影的基本概念	
3	1	1	1	3	线投影的投影规律	
4	1	1	1	4	面投影的投影规律	
5	1	1	1	5	三视图的形成	
6	1	1	1	6	三视图的投影规律	
7	1	1	1	7	截交线与相贯线的概念	
8	1	1	1	8	剖视图的种类	
	1	1	2		常用零件的画法	
9	1	1	2	1	简单零件的剖视表达方法	
10	1	1	2	2	螺纹的规定画法和代号	
11	1	1	2	3	螺纹的标注方法	
12	1	1	2	4	键与销的规定画法和代号标注方法	

职业（工种）名称					车工	等级	五级
职业代码							
序号	鉴定点代码				鉴定点内容		备注
	章	节	目	点			
13	1	1	2	5	齿轮的规定画法和代号标注方法		
14	1	1	2	6	滚动轴承的规定画法和代号标注方法		
	1	2			量具与公差配合知识		
	1	2	1		常用量具的结构和使用		
15	1	2	1	1	0.02 mm 精度游标卡尺的结构和使用方法		
16	1	2	1	2	外径千分尺的结构和使用方法		
17	1	2	1	3	百分表的结构和使用方法		
18	1	2	1	4	2′游标万能角度尺的结构和使用方法		
19	1	2	1	5	量块与正弦规的使用方法		
20	1	2	1	6	常用量具的维护和保养知识		
	1	2	2		尺寸公差、几何公差与表面结构		
21	1	2	2	1	尺寸公差的基础知识		
22	1	2	2	2	公差配合的基础知识		
23	1	2	2	3	公差与配合的使用		
24	1	2	2	4	几何公差的基础知识		
25	1	2	2	5	几何公差的种类		
26	1	2	2	6	表面结构的基础知识		
27	1	2	2	7	表面结构的标注要求		
	1	3			机械基础知识		
	1	3	1		机械传动知识		
28	1	3	1	1	机器、机构和运动副的概念		
29	1	3	1	2	铰链机构的种类		
30	1	3	1	3	其他常用机构的种类		
31	1	3	1	4	凸轮机构的运动规律		

续表

序号	鉴定点代码				鉴定点内容	备注
	职业（工种）名称			车工	等级	五级
	职业代码					
	章	节	目	点		
32	1	3	1	5	轮系的应用特点	
33	1	3	1	6	轮系的种类	
34	1	3	1	7	带传动的工作原理和传动特点	
35	1	3	1	8	带传动的应用	
36	1	3	1	9	螺旋传动的工作原理和传动特点	
37	1	3	1	10	螺旋传动的应用	
38	1	3	1	11	蜗杆传动的工作原理和传动特点	
39	1	3	1	12	蜗杆传动的应用	
40	1	3	1	13	链传动的工作原理和传动特点	
41	1	3	1	14	齿轮传动的工作原理和传动特点	
42	1	3	1	15	齿轮传动产生根切的原因和解决方法	
43	1	3	1	16	传动比的概念和计算方法	
44	1	3	1	17	直齿圆柱齿轮的几何尺寸计算	
45	1	3	1	18	螺纹连接的结构和选用	
46	1	3	1	19	联轴器与离合器的作用	
	1	3	2		液压传动知识	
47	1	3	2	1	液压传动的基本概念	
48	1	3	2	2	液压泵的结构与原理	
49	1	3	2	3	液压缸和液压马达的概念	
50	1	3	2	4	液压传动中流量、压力的概念	
51	1	3	2	5	液压传动的压力流量损失	
	1	4			电工学知识	
	1	4	1		电工常识	
52	1	4	1	1	常用低压电器的名称、工作原理和作用	

续表

序号	鉴定点代码				鉴定点内容	备注
	章	节	目	点		

职业（工种）名称：车工　等级：五级　职业代码：

序号	章	节	目	点	鉴定点内容	备注
	1	4	2		安全用电和急救	
53	1	4	2	1	安全用电常识	
54	1	4	2	2	触电急救知识	
	1	5			金属材料与热处理一般知识	
	1	5	1		常用金属材料	
55	1	5	1	1	金属材料的物理性能和力学性能	
56	1	5	1	2	碳素钢的种类、牌号	
57	1	5	1	3	碳素钢的力学性能	
58	1	5	1	4	合金钢的种类、牌号	
59	1	5	1	5	合金钢的力学性能	
60	1	5	1	6	铸铁的种类、牌号	
61	1	5	1	7	铸铁的力学性能	
62	1	5	1	8	常用有色金属的种类、牌号	
	1	5	2		热处理的一般知识	
63	1	5	2	1	钢的退火种类及其目的	
64	1	5	2	2	钢的正火和淬火及其目的	
65	1	5	2	3	钢的回火种类及其目的	
66	1	5	2	4	钢的调质处理	
67	1	5	2	5	钢的表面淬火种类及特点	
68	1	5	2	6	钢的表面热处理种类及特点	
	2				专业知识	
	2	1			车削基础知识	
	2	1	1		车削加工的基本概念	
69	2	1	1	1	车削加工的工作原理	

职业（工种）名称				车工	等级	五级
职业代码						

序号	鉴定点代码				鉴定点内容	备注
	章	节	目	点		
70	2	1	1	2	车削加工的基础内容	
71	2	1	1	3	车床型号的含义	
72	2	1	1	4	卧式车床主要组成部分和用途	
73	2	1	1	5	卧式车床主要部件的传动关系	
	2	1	2		车床的保养和车床操作规程	
74	2	1	2	1	车床的润滑	
75	2	1	2	2	车床保养常识	
76	2	1	2	3	车床操作规程	
77	2	1	2	4	车床操作安全知识	
	2	2			切削原理基础知识	
	2	2	1		车刀基础知识	
78	2	2	1	1	常用车刀的种类和用途	
79	2	2	1	2	车刀切削部分材料的基本性能	
80	2	2	1	3	刀具材料的种类	
81	2	2	1	4	高速钢车刀材料的牌号和性能	
82	2	2	1	5	硬质合金车刀材料的牌号和性能	
83	2	2	1	6	车刀切削部分的组成	
84	2	2	1	7	确定车刀角度的辅助平面	
85	2	2	1	8	车刀六个基本角度的定义及作用	
86	2	2	1	9	车刀装夹高低对前后角的影响	
87	2	2	1	10	车刀六个基本角度的选择原则	
88	2	2	1	11	切削用量与刀具磨损的关系	
	2	2	2		切削原理基本概念	
89	2	2	2	1	车削加工的运动	

续表

职业（工种）名称				车工	等级	五级
职业代码						
序号	鉴定点代码				鉴定点内容	备注
	章	节	目	点		
90	2	2	2	2	车削工件形成的三个表面	
91	2	2	2	3	切削用量三要素的定义与计算	
92	2	2	2	4	切削用量的选择原则	
93	2	2	2	5	切屑的种类	
94	2	2	2	6	粗加工切削用量的选择	
95	2	2	2	7	精加工切削用量的选择	
96	2	2	2	8	积屑瘤的概念	
97	2	2	2	9	积屑瘤的形成对加工的影响	
98	2	2	2	10	切削热对车刀的影响	
99	2	2	2	11	延长刀具寿命的措施	
100	2	2	2	12	切削液的分类	
101	2	2	2	13	切削液的作用	
102	2	2	2	14	切削液的选用	
103	2	2	2	15	减小工件表面粗糙度的方法	
	2	2	3		工件的定位和装夹知识	
104	2	2	3	1	轴类零件的装夹方法	
105	2	2	3	2	轴类零件定位基准的选择	
106	2	2	3	3	套类零件的装夹方法	
107	2	2	3	4	套类零件定位基准的选择	
108	2	2	3	5	保证套类零件同轴度和垂直度的方法	
109	2	2	3	6	软卡爪的使用方法	
110	2	2	3	7	两种常用心轴的特点	
111	2	2	3	8	中心架、跟刀架的使用方法	
	2	3			车削加工的内容	

续表

职业（工种）名称				车工	等级	五级
职业代码						
序号	鉴定点代码				鉴定点内容	备注
	章	节	目	点		
	2	3	1		轴类零件的车削方法	
112	2	3	1	1	外圆车刀的种类	
113	2	3	1	2	外圆粗车刀的特点、角度及选择原则	
114	2	3	1	3	外圆精车刀的特点、角度及选择原则	
115	2	3	1	4	车削轴类零件的车刀要求	
116	2	3	1	5	中心钻的种类	
117	2	3	1	6	中心钻的选用	
118	2	3	1	7	钻中心孔切削用量的选择	
119	2	3	1	8	中心钻折断的原因	
120	2	3	1	9	轴类零件装夹的几种形式及特点	
121	2	3	1	10	轴类零件车削时的注意事项	
122	2	3	1	11	轴类零件的车削	
123	2	3	1	12	轴类零件产生废品的原因	
124	2	3	1	13	沟槽的种类	
125	2	3	1	14	高速钢切断刀的几何参数	
126	2	3	1	15	切断刀的种类	
127	2	3	1	16	切断刀的刃磨要求	
128	2	3	1	17	切断和车沟槽时切削用量的选择	
129	2	3	1	18	切断刀折断的原因	
130	2	3	1	19	硬质合金切断刀的几何参数	
131	2	3	1	20	切断刀的装夹要求	
132	2	3	1	21	防止切断刀振动的方法	
	2	3	2		套类零件的加工方法	
133	2	3	2	1	套类零件的技术要求	

续表

序号	职业（工种）名称				车工	等级	五级
	职业代码						
	鉴定点代码				鉴定点内容		备注
	章	节	目	点			
134	2	3	2	2	套类零件的加工特点		
135	2	3	2	3	麻花钻的组成部分		
136	2	3	2	4	麻花钻工作部分的几何参数		
137	2	3	2	5	麻花钻的刃磨要求		
138	2	3	2	6	钻孔切削用量的选择		
139	2	3	2	7	扩孔与锪孔		
140	2	3	2	8	孔类加工长度控制的方法		
141	2	3	2	9	扩孔与车孔的区别		
142	2	3	2	10	通孔车刀与盲孔车刀的区别		
143	2	3	2	11	车孔的技术问题		
144	2	3	2	12	铰刀的材料及种类		
145	2	3	2	13	铰孔余量的确定		
146	2	3	2	14	内孔铰孔前的要求		
147	2	3	2	15	套类零件的技术要求		
	2	3	3		圆锥面的车削		
148	2	3	3	1	圆锥面获得广泛应用的原因		
149	2	3	3	2	圆锥各部分的名称和代号		
150	2	3	3	3	圆锥各部分的尺寸计算		
151	2	3	3	4	标准圆锥的种类及编号		
152	2	3	3	5	圆锥面的车削方法		
153	2	3	3	6	转动小滑板车削方法		
154	2	3	3	7	尾座偏移量的计算		
155	2	3	3	8	铰内圆锥的方法		
156	2	3	3	9	车圆锥产生双曲线的原因		

续表

职业（工种）名称				车工	等级	五级
职业代码						
序号	鉴定点代码			鉴定点内容		备注
	章	节	目	点		
157	2	3	3	10	圆锥的检验方法	
	2	3	4		表面修饰	
158	2	3	4	1	表面抛光	
159	2	3	4	2	表面研磨	
160	2	3	4	3	滚花	
	2	3	5		特形面车削	
161	2	3	5	1	成形刀的种类	
162	2	3	5	2	成形面的车削方法	
	2	3	6		三角形螺纹车削	
163	2	3	6	1	螺纹的种类	
164	2	3	6	2	螺纹各部分的名称及代号	
165	2	3	6	3	普通螺纹各部分的尺寸计算	
166	2	3	6	4	普通粗牙螺纹 M10～M30 的螺距	
167	2	3	6	5	普通三角形螺纹车刀的刃磨方法	
168	2	3	6	6	普通三角形螺纹的安装要求	
169	2	3	6	7	高速车削普通三角形螺纹的方法	
170	2	3	6	8	套螺纹的方法和要求	
171	2	3	6	9	攻螺纹的方法和要求	
172	2	3	6	10	三角形螺纹的测量	
173	2	3	6	11	普通螺纹车刀的几何参数	
174	2	3	6	12	车削螺纹的方法	
	2	3	7		梯形螺纹车削	
175	2	3	7	1	梯形螺纹各部分的尺寸计算	
176	2	3	7	2	梯形螺纹车刀的刃磨要求	

职业（工种）名称				车工	等级	五级
职业代码						

序号	鉴定点代码				鉴定点内容	备注
	章	节	目	点		
177	2	3	7	3	梯形螺纹车刀的安装要求	
178	2	3	7	4	螺纹乱牙产生的原因	
179	2	3	7	5	螺纹乱牙的判断	
180	2	3	7	6	螺纹的测量方法	
181	2	3	7	7	单项测量方法	
182	2	3	7	8	综合测量方法	
	3				相关知识	
	3	1			文明生产与安全生产	
	3	1	1		文明生产	
183	3	1	1	1	文明生产知识	
184	3	1	1	2	金属切削安全操作规程	
	3	1	2		砂轮机的使用与消防知识	
185	3	1	2	1	砂轮机使用知识	
186	3	1	2	2	砂轮的种类	
187	3	1	2	3	消防的一般知识	
	3	2			钳工基础知识	
	3	2	1		钳工加工性质	
188	3	2	1	1	钳工工作内容分类	
189	3	2	1	2	钳工工作场地和常用设备	
190	3	2	1	3	平面划线内容	
191	3	2	1	4	平面划线过程	
	3	2	2		钳工加工种类	
192	3	2	2	1	锯割加工	
193	3	2	2	2	锉削加工	

续表

职业（工种）名称				车工	等级	五级
职业代码						
序号	鉴定点代码				鉴定点内容	备注
	章	节	目	点		
194	3	2	2	3	钻头及钻孔知识	
195	3	2	2	4	扩孔和铰孔知识	
196	3	2	2	5	钳工加工中的铰孔、扩孔、攻螺纹知识	
	3	3			磨削加工	
	3	3	1		磨削基础知识	
197	3	3	1	1	磨床简介	
198	3	3	1	2	磨床用砂轮基础知识	
	3	3	2		磨削加工的特点	
199	3	3	2	1	磨削加工的特点	
	3	4			其他金属加工方法	
	3	4	1		铸造	
200	3	4	1	1	铸造基础知识	
	3	4	2		焊接和切割	
201	3	4	2	1	焊接和切割基础知识	

第3部分

理论知识复习题

基础知识

一、判断题 （将判断结果填入括号中。正确的填"√"，错误的填"×"）

1. 无论是放大或缩小，图样中所标尺寸一定是实际尺寸，与图形大小无关。　（　）

2. 标题栏的文字方向与识读图样的方向无关。　（　）

3. 正投影所得投影比物体大。　（　）

4. 正投影的投影线是相互平行的。　（　）

5. 正垂线在其所垂直的投影面上的投影积聚成一点。　（　）

6. 投影面垂直面的投影特性是在与平面垂直的投影面上，其投影积聚成一条水平线。
　（　）

7. 投影面平行面的投影特性是在另外两个投影面上的投影积聚成平行于相应投影轴的直线。　（　）

8. 平行于 V 面的直线是水平线。　（　）

9. 立体被平面截切后，平面和立体表面所产生的交线叫截交线。　（　）

10. 垂直于一个投影面，与另外两个投影面平行的直线叫投影面平行线。　（　）

11. 平面立体上相邻表面的交线称为棱线。　（　）

12. 两相交几何体的表面交线称为相贯线。　（　）

13. 剖视图只要画出被切断表面的真实形状就可以了。　（　）

14. 剖面图只能画在视图的外面，而不能直接画在视图里面。 （　　）

15. 剖视图的剖面线采用虚线表达。 （　　）

16. 左旋螺纹在图样上可以不标注。 （　　）

17. 螺纹标注中，公称直径即螺纹的大径。 （　　）

18. M16 的粗牙螺纹的螺距是 2 mm。 （　　）

19. 键主要用来连接轴和轴上的传动件，起传递转矩的作用。 （　　）

20. 销主要用于零件之间的连接和定位。 （　　）

21. 在齿轮的规定画法中，分度圆和分度线是用细实线绘制的。 （　　）

22. 6000 型的轴承表示推力球轴承。 （　　）

23. 当游标卡尺的测量刃不直时，可直接用锉刀进行修整。 （　　）

24. 外径千分尺可用来测量任何零件的尺寸。 （　　）

25. 百分表的精度分为 0 级和 1 级两种，0 级精度较高。 （　　）

26. 百分表一般用来校正和检验 IT14～IT6 级的工件。 （　　）

27. 游标万能角度尺可测量 0°～360° 的所有角度。 （　　）

28. 游标万能角度尺如果仅装上角尺时，可测量 0°～230° 的角度。 （　　）

29. 量具可测量旋转中的工件。 （　　）

30. 公差可以是负值。 （　　）

31. 极限偏差是允许尺寸变化的两个极限值，它以实际尺寸为基数来确定。 （　　）

32. 配合公差等于互相配合的孔公差与轴公差之差。 （　　）

33. 滚动轴承的外环与箱体孔的配合应尽量采用基孔制。 （　　）

34. 实际形状对理想形状的偏离量称为位置误差。 （　　）

35. 位置公差就是实际位置对理想位置的允许变动量。 （　　）

36. "◎" 是表示同轴度位置公差的符号。 （　　）

37. 表面结构不是零件质量的技术指标。 （　　）

38. 表面结构一般受加工方法或其他因素影响。 （　　）

39. 在曲柄摇杆机构中，传动角越大，机械的传力性能越好。 （　　）

40. 行程速比系数 K 表示机构的急回特性，K 值越大，急回特性就越明显。 （　　）

41. 四杆机构中的"死点"位置必须克服。 （　　）

42. 车床主轴箱中的滑移齿轮不属于变向机构。 （　　）

43. 车床进给箱中的塔齿轮不属于变速机构。 （　　）

44. 等加速、等减速的凸轮机构，应用于凸轮转速较高和从动杆质量较大的场合。 （　　）

45. 轮系中加入惰轮，可改变从动轮的旋转方向，并改变主、从动轮的传动比大小。 （　　）

46. 所有轮系的齿轮轴的几何位置都是固定的。 （　　）

47. 定轴轮系可做较远距离的传动。 （　　）

48. 在行星轮系中，行星轮的轴线是转动的，但只能自转而不能公转。 （　　）

49. 两带轮直径之差越大，则包角越小，所以传动比不宜过小。 （　　）

50. V 带传动装置不需要装安全防护罩。 （　　）

51. V 带传动的张紧轮应尽量靠近大带轮的一边。 （　　）

52. 在外径千分尺螺旋传动结构中，螺母不动，丝杆回转并做直线运动。 （　　）

53. 在螺旋传动中，螺杆与螺母之间只有滑动摩擦。 （　　）

54. 所有的螺旋传动都是效率较低的，因为它属于滑动摩擦。 （　　）

55. 蜗杆传动具有自锁作用。 （　　）

56. 蜗杆传动适用于传动比大而只需传递较小功率的机器中。 （　　）

57. 蜗杆传动与齿轮传动一样，能保证传动比的准确性。 （　　）

58. 链传动的瞬间传动比是一个常数。 （　　）

59. 在链传动中，当链轮转速越高、链节距越大时，动载荷就越小。 （　　）

60. 渐开线上各点的曲率半径是变化的，离基圆越远其曲率半径越小。 （　　）

61. 变位齿轮的齿根强度比一般齿轮的高。 （　　）

62. 在制造变位齿轮时，一般都是把大齿轮作为变位齿轮的。 （　　）

63. 齿轮传动中的瞬时传动比是恒定的。 （　　）

64. 齿轮传动的传递功率范围较小，但效率较高。 （　　）

65. 标准直齿圆柱齿轮的分度圆直径与齿数无关。 （　　）

66. 螺纹连接是一种不可拆的连接。 （　　）

67. 螺纹连接中，螺钉或螺母的螺距一般采用细牙螺纹。 （　　）

68. 联轴器和离合器都不具有过载保护功能。 （　　）

69. 压强是液体在静止状态下单位面积上所受到的作用力。 （　　）

70. 液压传动不易实现过载保护。 （　　）

71. 双作用式叶片泵只能作为定量泵使用。 （　　）

72. 叶片泵适用于高压系统中。 （　　）

73. 液压缸系统中因运动速度较低，故无须安装缓冲装置。 （　　）

74. 油的黏度随压力的增加而加大。 （　　）

75. 由于管道截面形状的突然变化和液体流向的突然改变引起的压力损失，称为沿程损失。 （　　）

76. 在一粗细不等的管道中，横截面小的部位流速较高，液体的压力就较低，反之压力就较高。 （　　）

77. 交流电流表和交流电压表所指示的都是有效值。 （　　）

78. 熔点低、熔化时间长的金属材料锡和铅，适宜作高压熔断器熔体。 （　　）

79. 不能在电加热设备上烘烤衣物。 （　　）

80. 在机床维修过程中可以带电操作。 （　　）

81. 切勿用潮湿的物件触动尚未脱离电源的触电者。 （　　）

82. 金属的纯度越高，碳和合金元素的含量越少，它的可锻性就越差。 （　　）

83. 碳钢中含碳量越少，可焊性越好。 （　　）

84. 碳素钢是含碳量小于2%的铁碳合金。 （　　）

85. 碳钢质量的高低，主要根据钢中有害杂质硫和磷的含量多少来划分。 （　　）

86. 碳素工具钢主要用于制造各种刀具、模具和量具。 （　　）

87. 高速钢刀具只有通过合理的热处理才具有较高的硬度。 （　　）

88. Cr13型钢不属于不锈钢材料。 （　　）

89. 合金钢中只要加入合金元素，无须热处理，就能显著提高它的综合力学性能和特殊性能。 （　　）

90. 灰铸铁最适宜用来制造承受压力的零件，如机器的底座等。 （　　）

91. 球墨铸铁的耐磨性、减振性都较好，但铸造性比钢差。 （　　）

92. 由于石墨会从铸件表面脱落，所以灰铸铁的减振性较差。（　　）

93. 铝镁合金的耐腐蚀性能好，密度小，强度高，铸造性能也较好。（　　）

94. 黄铜的耐腐蚀性能较好，但耐酸性能较差。（　　）

95. 去应力退火（又称低温退火）的作用是消除应力，同时使钢的组织也发生变化。（　　）

96. 锻压加工以后，必须进行完全退火，才适合切削加工。（　　）

97. 淬火热处理一般安排在粗加工之后，精加工之前。（　　）

98. 低温回火主要用于硬度 50～62HRC 的各类高碳钢零件。（　　）

99. 经调质处理的材料可获得均匀细小的奥氏体组织。（　　）

100. 调质处理的钢与正火钢相比不仅强度高，而且塑性、韧性也好。（　　）

101. 表面淬火使钢表层得到高硬度，而心部还是原来的组织。（　　）

102. 钢的化学处理不属于钢的表面处理。（　　）

二、单项选择题（选择一个正确的答案，将相应的字母填入题内的括号中）

1. 标题栏的位置必须在图样的（　　）。

　　A. 右下角　　　　　B. 左下角　　　　　C. 左上角　　　　　D. 右上角

2. 如果图样中的比例为 2∶1，则图样与实物相比是（　　）的。

　　A. 放大　　　　　B. 缩小　　　　　C. 相等　　　　　D. 以上选项均正确

3. 正投影的投射线与投影面相互（　　）。

　　A. 平行　　　　　B. 倾斜　　　　　C. 垂直　　　　　D. 交叉

4. 中心投影所得的投影（　　）。

　　A. 比物体的轮廓大　　　　　　　　B. 比物体的轮廓小

　　C. 是物体轮廓的变形　　　　　　　D. 与物体轮廓相等

5. 垂直于正平面的直线是（　　）。

　　A. 侧垂线　　　　　B. 铅垂线　　　　　C. 正垂线　　　　　D. 侧平线

6. 垂直于侧平面，同时与正平面和水平面均倾斜的平面是（　　）。

　　A. 侧垂面　　　　　B. 铅垂面　　　　　C. 正垂面　　　　　D. 侧平面

7. 平行于正平面的平面是（　　）。

　　A. 水平面　　　　　B. 侧平面　　　　　C. 正平面　　　　　D. 侧垂面

8. 由前向后投影在正投影面上所得的视图为（　　）。

  A. 主视图   B. 俯视图   C. 左视图   D. 右视图

9. 当平面平行于投影面时，其投影与原平面的形状、大小相同，这种特性称为（　　）。

  A. 收缩性   B. 积聚性   C. 散开性   D. 真实性

10. 平行于 H 面的平面是（　　）。

  A. 侧平面   B. 水平面   C. 正平面   D. 铅平面

11. 平面截切圆柱，截平面垂直于轴线，所得的截交线为（　　）。

  A. 两平行线   B. 圆   C. 椭圆   D. 长方形

12. 两直径相等的圆柱，其轴线垂直相交后所得的交线在图样上的形状是（　　）。

  A. 椭圆形曲线   B. 双曲线

  C. 90°相交的直线   D. 圆

13. 表达零件某一部分的内部形状，但零件整体还是用一般视图表达的视图是（　　）。

  A. 半剖视图   B. 局部剖视图   C. 全剖视图   D. 剖面图

14. 剖视图的剖面线采用（　　）。

  A. 细实线   B. 粗实线   C. 细虚线   D. 细点画线

15. 用剖切平面完全剖开机件所得的剖视图，称为（　　）。

  A. 半剖视图   B. 全剖视图   C. 剖面图   D. 局部剖视图

16. 画外螺纹时，小径采用（　　）表示。

  A. 粗实线   B. 细实线   C. 细点画线   D. 细虚线

17. 在螺纹标注中，表示短旋合长度的代号是（　　）。

  A. L   B. N   C. LH   D. S

18. 以下螺纹标注不正确的是（　　）。

  A. M16   B. Tr40×14（P7）

  C. M20×2LH   D. M24×2—H7

19. 键主要用来连接轴和轴上的传动件，起传递（　　）作用。

  A. 动力   B. 转速   C. 转矩   D. 力矩

20. 应用最广泛的花键是（　　）花键。

A. 三角形　　　　　B. 矩形　　　　　　C. 锯齿形　　　　　D. 渐开线形

21. 在分度圆周上相邻两对应点之间的弧长称为（　　　）。

A. 齿高　　　　　　B. 齿深　　　　　　C. 齿距　　　　　　D. 模数

22. 主要承受径向载荷的是（　　　）。

A. 深沟球轴承　　　B. 推力球轴承　　　C. 角接触球轴承　　　D. 圆锥滚子轴承

23. 测量工件时，卡脚的两测量面连线不垂直于被测表面，则测出结果尺寸（　　　）实际尺寸。

A. 大于　　　　　　B. 小于　　　　　　C. 等于　　　　　　D. 无关于

24. 外径千分尺测量范围的间隔为（　　　）mm。

A. 100　　　　　　B. 50　　　　　　　C. 20　　　　　　　D. 25

25. 百分表的测量杆应（　　　）于被测表面，否则测出的结果不准确。

A. 平行　　　　　　B. 倾斜　　　　　　C. 垂直　　　　　　D. 交叉

26. 百分表的测量范围是指齿杆的最大有效移动量，百分表测量的范围是（　　　）mm。

A. 0～3　　　　　　B. 5～10　　　　　C. 10～20　　　　　D. 0～25

27. 游标万能角度尺的测量精度为（　　　）。

A. 2′　　　　　　　B. 1′　　　　　　　C. 5′　　　　　　　D. 2°

28. 游标万能角度尺的测量范围为（　　　）。

A. 0°～320°　　　　B. 0°～360°　　　　C. 0°～180°　　　　D. 0°～140°

29. 在使用量具时，错误的行为是（　　　）。

A. 及时擦拭　　　　　　　　　　　　　B. 小心轻放

C. 及时维修　　　　　　　　　　　　　D. 与其他硬物一起堆放

30. 通过测量所得的尺寸是（　　　）尺寸。

A. 极限　　　　　　B. 实际　　　　　　C. 基本　　　　　　D. 理想

31. 允许尺寸的变动量称为（　　　）。

A. 公差　　　　　　B. 上偏差　　　　　C. 下偏差　　　　　D. 尺寸偏差

32. 一批轴孔配合的零件，如果孔的实际尺寸总是大于轴的实际尺寸的配合，称为（　　　）。

A. 过渡配合　　　　B. 过盈配合　　　　C. 间隙配合　　　　D. 一般配合

33. 机器中的配合应尽可能采用（　　）。

    A. 基孔制　　　　　　B. 基轴制　　　　　　C. 间隙配合　　　　　　D. 过盈配合

34. 在满足使用要求的前提下，应尽可能选择（　　）的公差等级。

    A. 较低　　　　　　　B. 较高　　　　　　　C. 中等　　　　　　　　D. 以上选项均正确

35. 零件加工以后，尺寸的准确程度是指（　　）。

    A. 形状精度　　　　　B. 尺寸精度　　　　　C. 位置精度　　　　　　D. 表面精度

36. 零件加工以后，各表面之间或各几何要素之间相互位置的准确度称为（　　）。

    A. 形状精度　　　　　B. 尺寸精度　　　　　C. 位置精度　　　　　　D. 表面精度

37. 以下属于形状公差的是（　　）。

    A. 平行度　　　　　　B. 同轴度　　　　　　C. 对称度　　　　　　　D. 圆度

38. 波距小于（　　）mm 属于表面粗糙度。

    A. 1　　　　　　　　B. 5　　　　　　　　C. 0～10　　　　　　　D. 10

39. 波距大于（　　）mm 属于形状误差。

    A. 1　　　　　　　　B. 5　　　　　　　　C. 0～10　　　　　　　D. 10

40. 取与最短杆相邻的任一杆为固定杆，并取最短杆为曲柄，则此机构为（　　）机构。

    A. 双曲柄　　　　　　B. 双摇杆　　　　　　C. 曲柄摇杆　　　　　　D. 滑块

41. 以下四种机构中，不属于四杆机构的是（　　）机构。

    A. 双曲柄　　　　　　B. 双摇杆　　　　　　C. 曲柄摇杆　　　　　　D. 滑块

42. 曲柄滑块机构是由（　　）机构演化而来的。

    A. 双曲柄　　　　　　B. 双摇杆　　　　　　C. 曲柄摇杆　　　　　　D. 滑块

43. 在输入转速不变的条件下，使从动轮得到不同转速的传动装置是（　　）机构。

    A. 变向　　　　　　　B. 变速　　　　　　　C. 凸轮　　　　　　　　D. 滑块

44. 三星齿轮是（　　）机构。

    A. 变向　　　　　　　B. 变速　　　　　　　C. 凸轮　　　　　　　　D. 滑块

45. 凸轮机构的（　　）只适用于低速和从动件质量较小的场合。

    A. 从动件做加速运动　　　　　　　　　　B. 从动件做变速运动

    C. 从动件做等速运动　　　　　　　　　　D. 以上选项均正确

46. 旋转齿轮的几何轴线位置（　　）的轮系称为定轴轮系。
    A. 均固定　　　　　　　　　　　　B. 其中一个固定
    C. 其中两个以上固定　　　　　　　D. 不固定

47. 不影响传动比的大小，只改变齿轮转向的齿轮是（　　）。
    A. 主动轮　　　　B. 从动轮　　　　C. 惰轮　　　　D. 行星轮

48. 定轴轮系中轮系的传动比是指（　　）转速之比。
    A. 第一组齿轮　　B. 最后一组齿轮　　C. 所有齿轮　　D. 首末两轮

49. 在机械传动中，当发生过载时起保护作用的是（　　）传动。
    A. 齿轮　　　　B. 链　　　　C. 螺旋　　　　D. 带

50. 在机械传动中，不能保证恒定传动比的是（　　）传动。
    A. 齿轮　　　　B. 链　　　　C. 螺旋　　　　D. 带

51. 在机械传动中，外廓尺寸较大，效率较低的传动是（　　）传动。
    A. 齿轮　　　　B. 链　　　　C. 螺旋　　　　D. 带

52. 平带传动时的张紧轮应安放在平带的（　　），并要靠近（　　）。
    A. 内侧、小带轮　　B. 内侧、大带轮　　C. 外侧、小带轮　　D. 外侧、大带轮

53. 车床滑板的横向进给中，螺母是（　　）。
    A. 做直线运动　　B. 做回转运动　　C. 静止不动的　　D. 与螺杆同时运动

54. 螺母不动，螺杆回转并做直线运动的螺旋传动是（　　）。
    A. 台式虎钳运动　　B. 插齿机刀架传动　　C. 机床床鞍运动　　D. 刀架的进给

55. 螺旋传动中，传动效率高，平稳，动作灵敏，但制造成本较高，且结构复杂的是（　　）传动。
    A. 普通螺旋　　B. 差动螺旋　　C. 滚珠螺旋　　D. 蜗杆

56. 蜗杆蜗轮传动机构中，两轴线（　　）。
    A. 相交成90°　　　　　　　　　　B. 平行
    C. 在同一平面内相交成90°　　　　D. 相交成45°

57. 以下四种机构中，有自锁作用的传动机构是（　　）传动。
    A. 带　　　　B. 齿轮　　　　C. 链　　　　D. 蜗杆

58. 制造蜗轮的材料一般是（　　）。

    A. 45 钢　　　　　　　B. 合金钢　　　　　　C. 工具钢　　　　　　D. 青铜

59. 链传动的传动比一般小于等于（　　）。

    A. 1　　　　　　　　　B. 5　　　　　　　　　C. 7　　　　　　　　　D. 10

60. （　　）传动的平均传动比是常数，但瞬间传动比不是一个常数。

    A. 带　　　　　　　　　B. 链　　　　　　　　　C. 齿轮　　　　　　　　D. 螺旋

61. 渐开线上各点的压力角不相等，离基圆越远压力角越大，基圆上的压力角为（　　）。

    A. 最小　　　　　　　　B. 最大　　　　　　　　C. 常数　　　　　　　　D. 零

62. 齿轮不发生根切的最少齿数一般是（　　）。

    A. 15　　　　　　　　　B. 16　　　　　　　　　C. 17　　　　　　　　　D. 20

63. 下列属于非标准齿轮的是（　　）齿轮。

    A. 渐开线　　　　　　　B. 直　　　　　　　　　C. 圆锥　　　　　　　　D. 变位

64. 齿轮传动中的瞬时传动比（　　）。

    A. 恒定　　　　　　　　B. 变化　　　　　　　　C. 不确定　　　　　　　D. 以上选项均不对

65. 标准直齿圆柱齿轮的压力角为（　　）。

    A. 15°　　　　　　　　B. 20°　　　　　　　　C. 29°　　　　　　　　D. 30°

66. 标准直齿圆柱齿轮的齿高的计算公式是（　　）。

    A. $h=2m$　　　　　　　B. $h=1.2m$　　　　　C. $h=2.5m$　　　　　D. $h=2.25m$

67. 在螺纹连接中，结构简单且最常用的防松装置是（　　）。

    A. 弹簧垫圈　　　　　　　　　　　　　　　　　B. 双螺母

    C. 止动垫片　　　　　　　　　　　　　　　　　D. 槽形螺母和开口销

68. 在螺纹连接中，多用于轴与轴上零件连接的是（　　）连接。

    A. 螺栓　　　　　　　　B. 双头螺栓　　　　　　C. 螺钉　　　　　　　　D. 螺钉与螺母

69. 一种随时能使主、从动轴接合或分开的传动装置是（　　）。

    A. 联轴器　　　　　　　B. 离合器　　　　　　　C. 齿轮　　　　　　　　D. 链传动

70. 用来将液体压力能转换为机械能的能量转换装置称为（　　）。

    A. 齿轮泵　　　　　　　B. 叶片泵　　　　　　　C. 液压马达　　　　　　D. 液压缸

71. 下列属于压力控制阀的是（　　）。

 A. 溢流阀 B. 节流阀 C. 调速阀 D. 换向阀

72. 在液压系统中，属于动力元件的是（　　）。

 A. 液压缸 B. 液压马达 C. 液压泵 D. 控制阀

73. 在液压系统中，属于执行元件的是（　　）。

 A. 液压缸 B. 液压马达 C. 液压泵 D. 控制阀

74. 将液压能转变为机械能的转换装置是（　　）。

 A. 液压缸 B. 液压马达 C. 液压泵 D. 控制阀

75. 容器内气体的压力低于大气压力，称为（　　）。

 A. 相对压力 B. 绝对压力 C. 系统压力 D. 真空度

76. 所有液体的黏度都会随温度变化，当温度升高时，油的黏度会（　　）。

 A. 升高 B. 无变化 C. 降低 D. 发生很小的变化

77. 在管道高低不计的情况下，液体的流速越高，压力就（　　）。

 A. 越低 B. 越高 C. 无变化 D. 为零

78. 熔断器额定电流是指熔断器的（　　）部分允许通过的最大长期工作电流。

 A. 熔管 B. 熔件

 C. 熔管、载流部分和底座 D. 载流部分和底座

79. 选择断路器时，应要求断路器的额定开断电流（　　）断路器开断时所通过的最大短路电流。

 A. 不大于 B. 不小于 C. 小于 D. 大于

80. 下列属于用电不安全行为的是（　　）。

 A. 乱拉乱接电线 B. 电加热设备上不能烘烤衣物

 C. 爱护电力设施 D. 用完后应切断电源

81. 发现电线掉地后，下列做法不正确的是（　　）。

 A. 直接用手去捡 B. 派人看守

 C. 通知电工 D. 切断电源

82. 金属材料的性能中最重要的是（　　）。

A. 物理性能　　　　　B. 化学性能　　　　　C. 力学性能　　　　　D. 工艺性能

83. 在测量材料硬度时，用测量压痕深度来表示硬度值的是（　　）。

A. 布氏硬度　　　　　B. 洛氏硬度　　　　　C. 疲劳强度　　　　　D. 冲击韧度

84. 钢中属于有益元素的是（　　）。

A. 硫　　　　　　　　B. 磷　　　　　　　　C. 氧　　　　　　　　D. 锰

85. 碳素工具钢的含碳量为（　　）。

A. 0.65%～1.3%　　　　　　　　　　　　B. 0.065%～0.13%

C. 6.5%～13%　　　　　　　　　　　　　D. 0.065‰～0.13‰

86. 20钢属于（　　），强度不高，但塑性、韧性和焊接性都较好。

A. 低碳钢　　　　　　B. 中碳钢　　　　　　C. 高碳钢　　　　　　D. 工具钢

87. 合金调质钢中最常用钢的牌号是（　　）。

A. 45　　　　　　　　B. 40Cr　　　　　　　C. Q345　　　　　　　D. 20Cr

88. 下列属于高速钢材料的是（　　）。

A. 45　　　　　　　　B. 40Cr　　　　　　　C. Q345　　　　　　　D. W18Cr4V

89. 在合金钢中，合金元素（　　）能提高钢的淬透性，使合金钢具有良好的抗氧化性、耐磨性和耐腐蚀性，是不锈钢的主要成分之一。

A. 硅　　　　　　　　B. 锰　　　　　　　　C. 铬　　　　　　　　D. 镍

90. 含碳量（　　）的铁碳合金称为铸铁。

A. 小于2%　　　　　　B. 大于5%　　　　　　C. 大于2%　　　　　　D. 大于0.2%

91. 灰铸铁牌号前的英文字母是（　　）。

A. HT　　　　　　　　B. KT　　　　　　　　C. QT　　　　　　　　D. FT

92. 铸铁的抗压强度很高，其中（　　）铸铁最适宜用来制造承受压力的基础零件。

A. 灰　　　　　　　　B. 白　　　　　　　　C. 可锻　　　　　　　D. 球墨

93. 加入（　　）元素可以提高黄铜的强度。

A. 铁　　　　　　　　B. 锰　　　　　　　　C. 锌　　　　　　　　D. 铝

94. 铝的纯度越高，耐腐蚀性能就越（　　）。

A. 好　　　　　　　　B. 差　　　　　　　　C. 无影响　　　　　　D. 小

95. （　　）属于预先热处理。

　　　A. 退火　　　　　　B. 淬火　　　　　　C. 渗碳　　　　　　D. 氮化

96. 退火处理是安排在机械加工（　　）的一种预先热处理。

　　　A. 之前　　　　　　B. 之后　　　　　　C. 无所谓　　　　　D. 中间

97. 钢经加热淬火后获得的是（　　）组织。

　　　A. 马氏体　　　　　B. 奥氏体　　　　　C. 渗碳体　　　　　D. 珠光体

98. 能稳定零件的性能与尺寸的热处理是（　　）。

　　　A. 正火　　　　　　B. 退火　　　　　　C. 淬火　　　　　　D. 回火

99. "淬火＋高温回火"的热处理又称为（　　）。

　　　A. 渗碳　　　　　　B. 退火　　　　　　C. 回火　　　　　　D. 调质处理

100. 调质处理后获得的是均匀细小的（　　）组织。

　　　A. 马氏体　　　　　B. 奥氏体　　　　　C. 渗碳体　　　　　D. 索氏体

101. 火焰加热表面淬火的淬硬层深度一般为（　　）mm。

　　　A. 5～10　　　　　B. 10～16　　　　　C. 0.2～0.6　　　　D. 2～6

102. 钢的表面热处理中，氮化层的深度一般为（　　）mm。

　　　A. 5～10　　　　　B. 10～16　　　　　C. 0.1～0.6　　　　D. 0.7～5

专业知识

一、判断题（将判断结果填入括号中。正确的填"√"，错误的填"×"）

1. 车刀的进给运动是车削加工中的主运动。　　　　　　　　　　　　　　（　　）

2. 铰孔只能在车床上完成。　　　　　　　　　　　　　　　　　　　　　（　　）

3. 盘绕弹簧不可能在车床上完成。　　　　　　　　　　　　　　　　　　（　　）

4. C6140A 表示的是经第一次重大改进的车床型号。　　　　　　　　　　（　　）

5. 在车床上，用来车螺纹并使车刀按一定的传动比做精确直线运动的是光杠。（　　）

6. 在卧式车床上，床鞍只能做往卡盘方向的进给运动。　　　　　　　　　（　　）

7. 控制工件长度的滑板只能是床鞍。　　　　　　　　　　　　　　　　　（　　）

8. 控制工件长度时，小滑板的精度比床鞍的精度高。　　　　　　　　　　（　　）

9. 进行一级保养时，无须切断电源。 （　）

10. 由于机床的导轨较长，可用长丝杠机动进给来移动床鞍。 （　）

11. 在操作车床时可以戴手套。 （　）

12. 女同志可以不戴安全帽进行机床操作。 （　）

13. 工件上经刀具切削后产生的表面是过渡表面。 （　）

14. 一般来说，刀具材料的硬度越高，耐磨性越好。 （　）

15. 车刀的刀具硬度越高越好。 （　）

16. 陶瓷不能作为切削用的刀具材料。 （　）

17. 高速钢刀具的耐热性较差，因此不能用于高速切削。 （　）

18. 钨钴类硬质合金适用于加工钢等韧性较好的塑性材料。 （　）

19. P01牌号的硬质合金材料车刀适用于粗加工。 （　）

20. 车刀的刀刃一定是直线。 （　）

21. 在正交平面内测量的角度是主偏角。 （　）

22. 在主切削平面内测量的角度是刃倾角。 （　）

23. 后角的作用是可以改变受力情况和散热条件。 （　）

24. 主偏角的主要作用是减少刀面与工件之间的摩擦。 （　）

25. 车外圆时，刀尖低于工件轴线，将使工作前角增大，后角减小。 （　）

26. 工件材料较软时，后角可取小一些。 （　）

27. 加工脆性材料或工件材料硬时，应选择较小的前角。 （　）

28. 在中等切削速度（15～30 m/min）下最容易产生积屑瘤。 （　）

29. 为了切除多余的金属，必须使工件和刀具做相对的工作运动。 （　）

30. 工件上已经切去多余金属而形成的新表面称为加工表面。 （　）

31. 即将被切去的金属层表面称为待加工表面。 （　）

32. 进给量是工件每转一周，车刀沿进给运动方向移动的距离。 （　）

33. 粗车时切削用量的选择主要取决于能否提高生产率，不要考虑经济性和加工成本。

（　）

34. 精车时切削用量的选择主要取决于能否保证加工质量，并兼顾生产效率和刀具使用

寿命。（　　）

35. 工件材料越硬、越脆，刀具前角越小，切削厚度越大，越容易产生挤裂切屑。（　　）

36. 崩碎切屑与刀具前面的接触长度较短，切削力、切削热集中在切削刃附近，容易磨损和崩刃。（　　）

37. 当背吃刀量与进给量增大时，切削时产生的切削热和切削力都较大，所以应适当增大切削速度。（　　）

38. 用硬质合金车刀精车时，应尽可能降低切削速度。（　　）

39. 精车时，背吃刀量和进给量因受工件精度和表面粗糙度的限制，一般取较小的。（　　）

40. 一般来说，积屑瘤在精加工时是不允许存在的。（　　）

41. 一般来说，积屑瘤在粗加工时是不允许存在的。（　　）

42. 切削用量中对积屑瘤影响最大的是 a_p。（　　）

43. 对于成形刀具来说，积屑瘤的形成会使刀具几何形状发生畸变，直接影响加工精度。（　　）

44. 切削热来源于切削层金属发生变形产生的热量，以及切屑与刀具前面、工件与刀具后面摩擦产生的热量。（　　）

45. 切削用量中，切削速度对刀具磨损的影响最小。（　　）

46. 切削时加注足量的切削液，可以降低切削区的温度，减少摩擦，延长刀具使用寿命。（　　）

47. 切削油比热容较小，黏度较大，流动性差，主要起冷却作用。（　　）

48. 乳化液因含大量水，所以润滑和防锈性能较差。（　　）

49. 切削液的润滑作用表现在它能渗透到工件与刀具之间，在切屑与刀具的微小间隙中形成一层很薄的吸附膜，减小了摩擦因数。（　　）

50. 用硬质合金刀具切削时，如果使用切削液，必须一开始就连续充分地浇注，否则硬质合金刀片会因骤冷而产生裂纹。（　　）

51. 减小副偏角对减小表面粗糙度效果较明显。（　　）

52. 尽量减小刀具前、后面的表面粗糙度值，保持刀具锋利，有利于减小工件表面粗糙度。（　　）

53. 若工件需多次掉头装夹车削，采用一夹一顶装夹比两顶尖装夹更容易保证加工精度。
（　　）

54. 两顶尖车削工件也可以加工一些较重的工件。　　　　　　　　　　　　（　　）

55. 用两顶尖装夹工件时，轴的两中心孔是定位基面，轴线是定位基准。　　（　　）

56. 采用无台阶的过盈配合心轴可以获得较高的定心精度，且切削时能承受较大的切削力。
（　　）

57. 以内孔作为定位基准来保证工件的同轴度和垂直度时，一般可用心轴。　（　　）

58. 以外圆为基准保证位置精度时，车床上一般采用软卡爪装夹工件。　　　（　　）

59. 在一次装夹中完成切削加工时，工件装夹要牢固，减小切削用量，以保证套类零件的同轴度和垂直度。
（　　）

60. 用心轴装夹可以保证工件的同轴度和垂直度。　　　　　　　　　　　　（　　）

61. 用软卡爪夹紧工件时，定位圆柱应放在卡爪的里面，用卡爪底部将其夹紧。（　　）

62. 圆柱心轴比小锥度心轴定心精度高。　　　　　　　　　　　　　　　　（　　）

63. 小锥度心轴的缺点是工件在轴向无法定位。　　　　　　　　　　　　　（　　）

64. 车细长轴时，用3个爪的跟刀架比2个爪的跟刀架效果好。　　　　　　（　　）

65. 90°车刀的刀头比75°车刀的强度高，更耐用。　　　　　　　　　　　（　　）

66. 90°车刀又称偏刀，按进给方向分为右偏刀和左偏刀两种。　　　　　　（　　）

67. 粗车刀的前角、后角应比精车刀的前角、后角磨得大些。　　　　　　　（　　）

68. 粗车刀的主偏角越小越好。　　　　　　　　　　　　　　　　　　　　（　　）

69. 精车刀一般应磨出过渡刃，粗车刀一般应磨出修光刃。　　　　　　　　（　　）

70. 断屑槽通常有直线形和圆弧形两种。　　　　　　　　　　　　　　　　（　　）

71. 精车塑性材料时，车刀前面应磨出较宽的断屑槽。　　　　　　　　　　（　　）

72. C型中心孔的形状与A型中心孔的相似，只是将A型中心孔的60°圆锥改成圆弧面。
（　　）

73. 中心孔的公称尺寸是以圆锥孔大端直径为标准的。　　　　　　　　　　（　　）

74. A型中心孔一般适用于精度要求较高、工序较多的工件。　　　　　　　（　　）

75. 钻中心孔时不宜选择较高的机床转速。　　　　　　　　　　　　　　　（　　）

76. 工件端面没车平整，或中心处留有凸头，会使中心钻不能准确地定心而折断。（　　）

77. 回转顶尖刚度好，则定心准确。（　　）

78. 用两顶尖装夹工件，虽然精度高，但刚度较差。（　　）

79. 用两顶尖装夹工件时，若前、后顶尖的连线与车床主轴轴线不同轴，则车出的工件会产生锥度。（　　）

80. 车削轴类零件时，应及时测量，全部完成后进行检验，以保证加工质量和防止成批报废。（　　）

81. 用两顶尖装夹光滑轴车出的工件产生倒锥，则尾座应向远离操作者的方向调整。（　　）

82. 切削热的影响会使工件尺寸发生变化，造成尺寸精度达不到要求。（　　）

83. 切削用量选择不恰当，会造成工件表面粗糙度达不到要求。（　　）

84. 常见的平面槽有 T 形槽、燕尾槽、平面直槽。（　　）

85. 高速钢切断刀切断铸铁工件时，前角宜取 $0°\sim10°$。（　　）

86. 高速钢切断刀后角一般取 $8°\sim12°$。（　　）

87. 弹性切断刀的优点是生产效率高。（　　）

88. 高速钢切断刀适用于高速切断。（　　）

89. 在两刀尖处各磨一个小圆弧过渡刃，可以增加刀尖强度。（　　）

90. 切断和车沟槽时的背吃刀量等于切断刀的主切削刃宽度。（　　）

91. 切断时的切削速度是始终不变的。（　　）

92. 切断刀前角太大，中滑板松动，切断时容易引起"扎刀"，从而导致切断刀折断。（　　）

93. 为了使切屑顺利排出，在切断刀的前面应磨出一个较浅的卷屑槽，一般槽深为 $0.75\sim1.5$ mm，长度应等于切入深度。（　　）

94. 用硬质合金切断刀切断时，由于切屑和工件槽宽相等，切屑容易堵塞在槽内。为了排屑顺利，可把主切削刃两边做成倒角或磨成人字形。（　　）

95. 切断刀在切断工件时应尽可能地伸出长些。（　　）

96. 切断刀底面应平整，否则会使两副后角不对称。（　　）

97. 切断用卡盘装夹的工件时，应尽可能靠近卡盘，避免振动。 （   ）

98. 套类零件的技术要求有形状精度和位置精度。 （   ）

99. 车套类工件主要是圆柱孔的加工，比车削外圆要简单。 （   ）

100. 套类零件的车削特点是：孔加工在工件内部进行，操作者可清楚地观察切削情况。

（   ）

101. 所有麻花钻柄部都是莫氏锥柄。 （   ）

102. 标准麻花钻的工作部分是两条主切削刃。 （   ）

103. 麻花钻螺旋角越大，前角就越小。 （   ）

104. 麻花钻靠近中心处的前角为负值。 （   ）

105. 工件材料较软时，应修磨外缘处的前面，以减小前角，使钻头增加强度。 （   ）

106. 用麻花钻钻孔时，背吃刀量等于钻头直径。 （   ）

107. 钻削钢料时，为了不使钻头过热，必须加注足量的切削液。 （   ）

108. 用麻花钻扩孔时，如果钻削轻松，可以加大进给量。 （   ）

109. 粗车时通常采用在刀杆上刻线痕做记号或安放限位铜片的方法控制深度，或用床鞍刻度盘的刻线来控制等。 （   ）

110. 精车时可用游标深度卡尺测量来控制深度。 （   ）

111. 车孔是常用的孔加工方法之一，只可以做粗加工，加工范围很广。 （   ）

112. 用扩孔工具来扩大工件孔径的加工方法，称为扩孔。 （   ）

113. 通孔车刀和盲孔车刀除了主偏角不同，其他角度基本一样。 （   ）

114. 为了增加刀杆刚度，刀杆伸出长度只要等于孔深即可。 （   ）

115. 车孔的关键技术是解决内孔车刀的刚度和排屑问题。 （   ）

116. 铰刀按用途可分为机用铰刀和手用铰刀。 （   ）

117. 铰孔余量的大小不影响铰孔质量。 （   ）

118. 铰孔之前，一般都需先进行车孔或扩孔，且留些铰孔余量。 （   ）

119. 铰孔前一般都需进行车孔，这样才能修正钻孔的直线度。 （   ）

120. 铰孔前，不必调整尾座套筒轴线。 （   ）

121. 铰孔时应根据工件材料不同选用合适的切削液，这样有利于保证孔的精度。

（   ）

122. 带有锥柄的工具装卸很方便。　　　　　　　　　　　　　　　　　　　　（　　）

123. 圆锥配合可传递很大的转矩，同时圆锥配合同轴度较高。　　　　　　　（　　）

124. 在通过圆锥轴线的截面内，两条素线间的夹角称为圆锥半角。　　　　　（　　）

125. 当圆锥半角 $\alpha/2 < 6°$ 时，可用 $\alpha/2 \approx 28.7° \times C$ 近似公式计算。　　（　　）

126. 圆锥工件的基本尺寸是指大端直径的尺寸。　　　　　　　　　　　　　（　　）

127. 莫氏圆锥尺寸最小的是 6 号，最大的是 0 号。　　　　　　　　　　　（　　）

128. 米制圆锥有 8 个号码。　　　　　　　　　　　　　　　　　　　　　　（　　）

129. 用偏移尾座法只适宜加工锥度较小、长度较长的外圆锥工件。　　　　　（　　）

130. 一般不能直接按图样上所标注的圆锥角去转动小滑板车圆锥。　　　　　（　　）

131. 根据图样上所标注的角度算出圆锥素线与车床主轴轴线的夹角 $\alpha/2$，$\alpha/2$ 就是车床小滑板应该转过的角度。　　　　　　　　　　　　　　　　　　　　　　（　　）

132. 尾座的偏移量只和圆锥长度有关。　　　　　　　　　　　　　　　　　（　　）

133. 铰内圆锥的方法虽然有多种，但常用的方法是钻孔后直接用锥铰刀铰锥孔。
　　　　　　　　　　　　　　　　　　　　　　　　　　　　　　　　　　　　（　　）

134. 用铰削的方法加工的内圆锥精度比车削高，表面粗糙度可达 $Ra1.6\ \mu m$。　　（　　）

135. 外圆锥双曲线误差的双曲线形状是中间凹进。　　　　　　　　　　　　（　　）

136. 内圆锥双曲线误差的双曲线形状是中间凸进。　　　　　　　　　　　　（　　）

137. 圆锥的大、小端直径可用圆锥极限量规来测量。　　　　　　　　　　　（　　）

138. 修整成形面时，一般使用三角锉。　　　　　　　　　　　　　　　　　（　　）

139. 用砂布抛光时，工件转速应较高，并使砂布在工件表面上慢慢来回移动。（　　）

140. 研磨工具的材料一般应比工件材料硬度大。　　　　　　　　　　　　　（　　）

141. 滚花开始时，必须用较大的进给压力。　　　　　　　　　　　　　　　（　　）

142. 花纹一般有直纹和网纹两种，并有粗细之分。　　　　　　　　　　　　（　　）

143. 普通成形刀的精度要求较高时可在工具磨床上刃磨。　　　　　　　　　（　　）

144. 使用成形刀应选用较大的进给量和切削速度。　　　　　　　　　　　　（　　）

145. 用成形刀具对工件进行加工的方法称为成形法。　　　　　　　　　　　（　　）

146. 按螺旋线数分，螺纹可分为单线螺纹和多线螺纹。　　　　　　　　　　（　　）

147. 按螺纹牙型分，螺纹可分为三角形螺纹、梯形螺纹、锯齿形螺纹及方形螺纹。

  （ ）

148. 内螺纹大径也称内螺纹孔径。 （ ）

149. 螺纹升角的计算公式为 $\tan\psi = P/\pi d$。 （ ）

150. 普通螺纹中径的计算公式为 $d_2 = d - 0.649\,5P$。 （ ）

151. 普通粗牙螺纹 M10 的螺距是 1.25 mm。 （ ）

152. 普通粗牙螺纹 M16 的螺距是 2 mm。 （ ）

153. 在刃磨时要防止刀具骤冷、骤热，避免损坏刀片。 （ ）

154. 装刀时，螺纹刀尖应对准工件中心。 （ ）

155. 车刀刀尖角对称中心必须与工件轴线平行。 （ ）

156. 工件材料受车刀挤压会使外径胀大，因此螺纹大径应比基本尺寸小 0.2~0.4 mm。

  （ ）

157. 板牙两端都有切削刃，但只能使用一面。 （ ）

158. 使用板牙和丝锥加工螺纹，操作简单，可以一次切削成形，生产效率较高。

  （ ）

159. 机用丝锥通过攻螺纹夹头安装在尾座套筒的锥孔中，尾座轴线应与主轴轴线重合。

  （ ）

160. 攻螺纹前，需先在工件上钻孔，此孔径要略小于螺纹小径。 （ ）

161. 车削右旋螺纹时，车刀左侧后角略大于右侧后角。 （ ）

162. 高速钢梯形螺纹粗车刀的刀头宽度要大于牙槽底宽。 （ ）

163. 当螺纹精度要求较高时，应使用纵向前角较大的车刀。 （ ）

164. 左右切削法最适合硬质合金车刀进行高速车削螺纹。 （ ）

165. 当 P 为 6~12 mm 时，a_c 取 0.25 mm。 （ ）

166. 梯形螺纹粗车刀的牙型角应略小于螺纹牙型角。 （ ）

167. 梯形螺纹精车刀的牙型角应略小于螺纹牙型角。 （ ）

168. 螺纹车刀装刀时，刀头的角平分线要平行于工件轴线。 （ ）

169. 车螺纹产生乱牙的原因是：当丝杠转过一转时，工件转了整数转。 （ ）

170. 在丝杠螺距为 12 mm 的车床上车削螺距为 3 mm 的螺纹，会产生乱牙。 （ ）

171. 车床丝杠螺距为 6 mm，如果车削螺距为 7 mm 的螺纹会产生乱牙。 （ ）

172. 用单针测量螺纹中径比用三针测量精确。 （ ）

173. 对于直径较大的螺纹工件，可采用螺纹牙型卡板进行牙型尺寸测量。 （ ）

174. 螺纹千分尺是测量螺纹中径的一种量具，一般用来测量梯形螺纹。 （ ）

175. 螺纹量规有螺纹环规和螺纹塞规两种。 （ ）

176. 在测量螺纹时，如果量规止端可拧进去，而通端拧不进，说明螺纹精度符合要求。

（ ）

二、单项选择题（选择一个正确的答案，将相应的字母填入题内的括号中）

1. 车削加工中的主运动是（ ）。

 A. 车刀的进给运动 B. 工件的旋转运动

 C. 滑板的直线运动 D. 电动机的运动

2. 以下加工内容不能在车床上完成的是（ ）。

 A. 钻孔 B. 成形面加工 C. 齿面加工 D. 圆锥面加工

3. 以下加工内容可以在车床上完成的是（ ）。

 A. 齿轮加工 B. 花键加工 C. 凸轮加工 D. 抛光

4. C6140 型车床的床身最大回转直径是（ ） mm。

 A. 400 B. 200 C. 40 D. 80

5. 在车削外圆时用来控制背吃刀量的是（ ）。

 A. 床鞍 B. 中滑板 C. 小滑板 D. 以上选项均正确

6. 在车床上用来支顶较长工件的部件是（ ）。

 A. 床身 B. 刀架 C. 尾座 D. 主轴箱

7. 中滑板刻度盘控制的背吃刀量是直径余量的（ ）。

 A. 1/2 B. 2 倍 C. 1 倍 D. 1/4

8. 控制工件长度的滑板是（ ）。

 A. 中滑板 B. 小滑板 C. 床鞍 D. 床鞍和小滑板

9. 车床运转（ ） h 以后，需进行一次一级保养。

A. 100   B. 300   C. 500   D. 700

10. 违反车床操作规程的行为是（   ）。

     A. 在导轨上校正工件   B. 及时刃磨车刀

     C. 下班后关闭电源   D. 及时润滑

11. 违反安全技术规程的是（   ）。

     A. 女同志戴好安全帽   B. 戴防护眼镜

     C. 戴手套操作   D. 注意力集中

12. 车削加工时，容易造成安全事故的是（   ）。

     A. 女同志戴好安全帽   B. 戴防护眼镜

     C. 不能戴手套操作   D. 直接用手清除切屑

13. 下列属于切断刀的是（   ）。

     A. 90°车刀   B. 45°车刀   C. 内孔车刀   D. 割刀

14. 车刀材料的常温硬度一般要求在（   ）以上。

     A. 60HRC   B. 50HRC   C. 80HRC   D. 100HRC

15. 评定刀具材料在高温下切削性能好坏的一个重要指标是（   ）。

     A. 硬度   B. 耐磨性   C. 红硬性   D. 强度和韧性

16. （   ）不能作为刀具材料。

     A. 低碳钢   B. 硬质合金钢

     C. 含合金元素较多的工具钢   D. 陶瓷

17. 下列各牌号中属于高速钢的是（   ）。

     A. W18Cr4V   B. 45   C. P10   D. 40CrMn

18. 硬质合金在（   ）℃左右的高温下仍能保持良好的切削性能。

     A. 2 000   B. 3 000   C. 1 500   D. 1 000

19. 硬质合金是将钨和（   ）的碳化物粉末加钴作为黏结剂，经加压成型、高温烧结而成的粉末冶金制品。

     A. 钛   B. 钼   C. 锰   D. 铝

20. 切屑流过的表面是（   ）。

A. 主后面　　　　　B. 副后面　　　　　C. 前面　　　　　D. 后面

21. 在基面中测量的主切削平面与假定工作平面间的夹角是（　　）。

A. 前角　　　　　B. 后角　　　　　C. 主偏角　　　　　D. 副偏角

22. 车外圆时，刀尖（　　）工件轴线，将使工作前角增大，后角减小。

A. 低于　　　　　B. 等于　　　　　C. 高于　　　　　D. 低于或高于

23. 车削有硬皮的铸、锻件或进行粗加工时，为保证刀具强度，应取（　　）的前角。

A. 较大　　　　　B. 较小　　　　　C. 0°　　　　　D. 任意

24. 精车时，为了减小工件的表面粗糙度，刀倾角应取（　　）。

A. 正、负值都可以　　　　　　　　B. 正值

C. 负值　　　　　　　　　　　　　D. 0°

25. 在切削过程中，按其作用不同，工作运动可分为（　　）。

A. 切削运动和主运动　　　　　　　B. 主运动和进给运动

C. 切削运动和进给运动　　　　　　D. 辅助运动和主运动

26. 车削时，工件的旋转运动是（　　）。

A. 主运动　　　　　B. 进给运动　　　　　C. 切削运动　　　　　D. 辅助运动

27. 工件上经刀具切削后产生的表面称为（　　）。

A. 已加工表面　　　　　B. 待加工表面　　　　　C. 加工表面　　　　　D. 基面

28. 车刀切削刃正在切削的表面是（　　）。

A. 已加工表面　　　　　B. 加工表面　　　　　C. 待加工表面　　　　　D. 基面

29. 车削直径 $d = 60$ mm 的工件外圆时，车床主轴转速 $n = 600$ r/min，则切削速度是（　　）m/min。

A. 103　　　　　B. 95　　　　　C. 108　　　　　D. 113

30. 计算机床功率、选择切削用量的主要依据是（　　）。

A. 背向力　　　　　B. 进给力　　　　　C. 切削力　　　　　D. 切削热

31. 粗车时，合理选择切削用量的顺序是（　　）。

A. a_p、v_c、f　　　　B. a_p、f、v_c　　　　C. v_c、a_p、f　　　　D. v_c、f、a_p

32. 由于工件材料性质和切削条件不同，切削过程中的滑移变形程度也就不同，因此产

生了多种类型的切屑，一般可分为（　　）种类型。

  A. 1   B. 2   C. 3   D. 4

33. 粗加工时，尽可能选择（　　）的背吃刀量。

  A. 较小   B. 中等   C. 较大   D. 任意

34. 粗加工时，尽可能选择（　　）的进给量。

  A. 较小   B. 中等   C. 较大   D. 任意

35. 精加工时，尽可能选择（　　）的背吃刀量。

  A. 较小   B. 中等   C. 较大   D. 任意

36. 精加工时，尽可能选择（　　）的进给量。

  A. 较小   B. 中等   C. 较大   D. 任意

37. 切屑用量中影响积屑瘤最大的是（　　）。

  A. f B. v_c C. a_p D. f、a_p

38. 车削时，（　　）切削速度最容易形成积屑瘤，应尽量避开。

  A. 高等   B. 中等   C. 低等   D. 任意

39. 为减少或避免积屑瘤产生，以下措施不正确的是（　　）。

  A. 增大刀具前角   B. 增大刀具后角

  C. 增大刀具刃倾角   D. 增大刀具主偏角

40. 不用切削液，以中等切削速度车削钢材料时，切削产生热量的（　　）由切屑带走。

  A. 10%～40%   B. 3%～9%   C. 50%～86%   D. 1%

41. 经过研磨的硬质合金车刀，使用寿命可延长（　　）。

  A. 10%～20%   B. 20%～40%   C. 30%～50%   D. 50%～60%

42. 在硬质合金车刀上磨负倒棱，可增加切削刃强度，延长刀具寿命。一般车刀的倒棱前角为（　　）。

  A. $-10°$～$-5°$ B. $-5°$～$0°$ C. $0°$～$5°$ D. $5°$～$10°$

43. 油状乳化液必须用水稀释，一般加（　　）的水后才能使用。

  A. 75%～80%   B. 80%～85%   C. 90%～98%   D. 98%～99%

44. 切削油是由（　　）和少量添加剂组成的。

  A. 动物油   B. 植物油

  C. 动物油和植物油   D. 矿物油

45. 精加工时，切削液的（　　）更重要。

  A. 冷却作用   B. 润滑作用

  C. 清洗作用   D. 冷却和润滑作用

46. 切削铸铁、铜、铝等脆性金属，在精加工时为了得到较高的表面质量，可采用黏度较小的煤油或（　　）的乳化液。

  A. 7%～10%   B. 10%～15%   C. 15%～20%   D. 20%～25%

47. 为了消除加工时的振动，可以调整机床滑板塞铁，使间隙小于（　　）mm。

  A. 0.06   B. 0.04   C. 0.03   D. 0.02

48. 为了减小工件表面粗糙度，在切削用量方面，选用（　　）的背吃刀量和（　　）的进给量。

  A. 较小、较小   B. 较小、较大   C. 较大、较大   D. 较大、较小

49. 同轴度要求较高，工序较多的长轴用（　　）装夹较合适。

  A. 四爪单动卡盘   B. 三爪自定心卡盘

  C. 两顶尖   D. 一夹一顶

50. 在车削轴类零件时，各外圆的加工余量相差较多时，应选择余量（　　）的外圆进行校正或装夹。

  A. 较多   B. 较少   C. 任意   D. 中等

51. 除了保证工件的位置精度和尺寸精度，还要保证每次装夹的精度时，一般采用（　　）装夹方法。

  A. 四爪单动卡盘   B. 三爪自定心卡盘

  C. 一夹一顶   D. 两顶尖

52. 在加工薄壁的孔类工件时，在条件允许的情况下，宜采用（　　）装夹方法。

  A. 四爪单动卡盘   B. 三爪自定心卡盘

  C. 轴向夹紧   D. 径向夹紧

53. 车削套类零件时，如以外圆为基准，一般采用（　　）装夹方法。

A. 四爪单动卡盘   B. 三爪自定心卡盘

C. 胀力心轴   D. 软卡爪

54. 以内孔为定位基准主要是为了保证零件的同轴度和垂直度，常采用（ ）装夹方法。

A. 四爪单动卡盘   B. 三爪自定心卡盘

C. 胀力心轴   D. 径向夹紧

55. 心轴是以（ ）作为定位基准来保证工件的同轴度和垂直度。

A. 内孔   B. 外圆   C. 端面   D. 台阶平面

56. 工件以（ ）为基准保证位置精度时，车床上一般采用软卡爪装夹工件。

A. 内孔   B. 外圆   C. 端面   D. 阶台平面

57. 采用软卡爪装夹工件，虽经多次装夹，一般仍能保持相互位置精度为（ ）mm。

A. 0.05   B. 0.1   C. 0.2   D. 0.5

58. 采用小锥度心轴，车削后工件的同轴度误差可控制在（ ）mm。

A. 0.05～0.1   B. 0.005～0.01

C. 0.02～0.1   D. 0.05～0.1

59. 小锥度心轴的锥度一般为（ ）。

A. 1∶1 000～1∶5 000   B. 1∶80～1∶150

C. 1∶100～1∶200   D. 1∶50～1∶100

60. 中心架在使用时，可直接安装在细长轴的（ ）。

A. 左端   B. 右端   C. 中间   D. 任意部位

61. 外圆车刀中，常用的主偏角为（ ）。

A. 10°、30°、60°   B. 45°、75°、90°

C. 30°、60°、90°   D. 60°、90°、120°

62. （ ）常用于车削工件的端面和进行45°倒角。

A. 45°车刀   B. 75°车刀   C. 90°车刀   D. 螺纹刀

63. 粗车刀必须适应粗车时（ ）的特点。

A. 背吃刀量小   B. 进给量小   C. 背吃刀量大   D. 切削速度高

64. 粗车刀必须适应粗车时切削深、进给快的特点，主要要求车刀有足够的（ ）。

A. 脆性   B. 塑性   C. 耐腐蚀性   D. 强度

65. 一般粗车刀采用（   ）的刃倾角，以增加刀头强度。

     A. $-30°\sim10°$ B. $-10°\sim0°$ C. $-3°\sim0°$ D. $3°\sim8°$

66. 车轴类工件时，一般可分为（   ）个阶段。

     A. 1   B. 2   C. 3   D. 4

67. 车外圆用的斜刃精车刀，车削时应选的背吃刀量为（   ）mm 以下。

     A. 0.5   B. 1   C. 2   D. 3

68. A 型中心孔的圆锥角一般为（   ）。

     A. 30°   B. 40°   C. 50°   D. 60°

69. 在装夹轴类工件时，能自动纠正少量位置误差的是（   ）型中心孔。

     A. A   B. B   C. C   D. D

70. 轻型和高精度轴上采用（   ）型中心孔。

     A. A   B. B   C. C   D. D

71. 钻中心孔时应采用（   ）转速。

     A. 较高   B. 中等   C. 较低   D. 任意

72. 钻中心孔时，中心钻轴线与工件旋转中心的位置关系应为（   ）。

     A. 中心钻轴线偏前   B. 中心钻轴线偏后

     C. 一致   D. 任意

73. 国家标准规定中心孔有（   ）种。

     A. 4   B. 3   C. 2   D. 1

74. 用两顶尖装夹工件时，若后顶尖轴线不在车床主轴轴线上，会产生（   ）。

     A. 振动   B. 轴向位移

     C. 锥度   D. 表面粗糙度达不到要求的问题

75. 用一夹一顶装夹工件时，若后顶尖轴线不在车床主轴轴线上，会产生（   ）。

     A. 振动   B. 锥度误差

     C. 表面粗糙度达不到要求的问题   D. 圆度超差

76. 用两顶尖装夹工件时，若前、后顶尖的连线与车床主轴轴线不同轴，则车出的工件会产生（　　　）。

    A. 倒锥   B. 顺锥   C. 倒锥和顺锥   D. 倒锥或顺锥

77. 车床中滑板刻度盘每转过一格，中滑板移动 0.05 mm。有一个工件试切后尺寸比图样大 0.2 mm，这时应将中滑板向正方向转过（　　　）格，就能将工件车到符合图样要求。

    A. 0.5   B. 1   C. 1.5   D. 2

78. 车床主轴间隙太大，会产生（　　　）。

    A. 尺寸精度达不到要求的问题   B. 锥度

    C. 表面粗糙度达不到要求的问题   D. 圆度超差

79. 用一夹一顶或两顶尖装夹工件时，如果后顶尖轴线不在主轴轴线上，会产生（　　　）。

    A. 尺寸精度达不到要求的问题   B. 锥度

    C. 表面粗糙度达不到要求的问题   D. 圆度超差

80. 加工动力机械和受力较大的零件轴肩常采用（　　　）。

    A. 外圆槽   B. 45°槽   C. 外圆端面槽   D. 圆弧槽

81. 用高速钢切断刀切断中碳钢工件时，前角应取（　　　）。

    A. −10°～0°   B. 0°～15°   C. 20°～30°   D. 30°～45°

82. 切断刀的主偏角一般取（　　　）。

    A. 45°   B. 90°   C. 75°   D. 118°

83. 切断刀可分为（　　　）种。

    A. 1   B. 2   C. 3   D. 4

84. 切断直径较大的工件时，因刀头长、刚度差，很容易引起振动，这时可采用（　　　）切断刀。

    A. 刀刃较宽的   B. 刀刃较窄的   C. 弹性   D. 反切

85. 切断刀的前角取决于（　　　）。

    A. 工件材料   B. 工件直径   C. 刀宽   D. 切削速度

86. 用硬质合金切断刀切钢料工件时，切削速度一般取（　　　）r/min。

    A. 15～25   B. 30～40   C. 60～80   D. 80～120

87. 用硬质合金切断刀切钢料工件时的进给量一般取（　　　）mm/r。

　　A. 0.05~0.1　　　B. 0.1~0.2　　　　C. 0.15~0.25　　　D. 0.25~0.3

88. 切断工件时，进给量（　　　）容易导致切断刀折断。

　　A. 太小　　　　　B. 中等　　　　　　C. 太大　　　　　　D. 任意

89. 硬质合金切断刀的两个副偏角均为（　　　）。

　　A. 1°~1.5°　　　B. 1.5°~3°　　　　C. 3°~4°　　　　　D. 4°~5°

90. 切断刀有（　　　）个刀面。

　　A. 2　　　　　　B. 3　　　　　　　C. 4　　　　　　　D. 5

91. 切断实心工件时，切断刀必须装到工件轴线（　　　）位置，否则不能切到中心，而且容易使切断刀折断。

　　A. 偏上　　　　　B. 等高　　　　　　C. 偏下　　　　　　D. 任意

92. 切断工件时，切断刀的伸出长度应略大于工件直径的（　　　）。

　　A. 一半　　　　　B. 1倍　　　　　　C. 1.5倍　　　　　　D. 2倍

93. 在切断刀的主切削刃中间，磨圆弧半径为（　　　）mm左右的凹槽，可消除振动。

　　A. 0.3　　　　　　B. 0.4　　　　　　C. 0.5　　　　　　D. 0.6

94. 套类零件上作为配合的孔，一般要求尺寸精度为（　　　）。

　　A. IT11~IT10　　B. IT10~IT9　　　C. IT9~IT8　　　　D. IT8~IT7

95. 套类零件上作为配合的孔，一般要求表面粗糙度为 Ra（　　　）μm。

　　A. 0.25~0.2　　　B. 2.5~2　　　　　C. 2~0.25　　　　　D. 2.5~0.2

96. 套类零件加工时，刀杆尺寸受孔径的限制，（　　　）较差。

　　A. 强度　　　　　B. 刚度　　　　　　C. 硬度　　　　　　D. 韧性

97. 麻花钻由柄部、颈部和（　　　）部分等组成。

　　A. 切削　　　　　B. 导向　　　　　　C. 工作　　　　　　D. 螺旋

98. 麻花钻的工作部分由（　　　）和导向部分组成。

　　A. 切削部分　　　B. 颈部　　　　　　C. 螺旋部分　　　　D. 夹持部分

99. 麻花钻的横刃斜角一般为（　　　）。

　　A. 45°　　　　　　B. 55°　　　　　　C. 60°　　　　　　D. 65°

100. 标准麻花钻的顶角 2φ 为（　　）。

    A. $75°\pm2°$ B. $90°\pm2°$ C. $135°\pm2°$ D. $118°\pm2°$

101. 麻花钻的横刃太短会影响钻尖的（　　）。

    A. 耐磨性   B. 强度   C. 抗振性   D. 韧性

102. 用高速钢钻头钻钢料时，切削速度一般为（　　）m/min。

    A. 20～30   B. 30～40   C. 40～50   D. 50～60

103. 用直径 30 mm 的钻头钻削钢料时，进给量应选（　　）mm/r。

    A. 0.05～0.1   B. 0.1～0.35   C. 0.35～0.5   D. 0.5～0.6

104. 用麻花钻扩孔时，为了防止钻头扎刀，应把钻头外缘处的（　　）修磨得小些。

    A. 后角   B. 前角   C. 主偏角   D. 副偏角

105. 用扩孔钻扩孔加工，适用于孔的（　　）。

    A. 精加工   B. 半精加工   C. 粗加工   D. 任意加工

106. 扩孔精度一般可达（　　）。

    A. IT11～IT10   B. IT10～IT9

    C. IT9～IT8   D. IT8～IT7

107. 通孔车刀的主偏角应取得较大，一般在（　　）。

    A. $90°～95°$ B. $75°～90°$ C. $60°～75°$ D. $45°～60°$

108. 盲孔车刀的主偏角应取得较大，一般在（　　）。

    A. $90°～95°$ B. $75°～90°$ C. $60°～75°$ D. $45°～60°$

109. 排屑问题主要通过控制切屑流出方向解决，精车孔时要求切屑流向（　　）。

    A. 过渡表面   B. 待加工表面   C. 已加工表面   D. 切削平面

110. 标准机用铰刀的主偏角为（　　）。

    A. $5°$ B. $10°$ C. $15°$ D. $20°$

111. 为了容易定向和减小进给力，标准手用铰刀主偏角为（　　）。

    A. $40'～1°30'$ B. $1°30'～4°30'$ C. $4°30'～8°$ D. $8°～15°$

112. 高速钢铰刀铰孔余量一般为（　　）mm。

    A. 0.15～0.2   B. 0.1～0.15

C. 0.08~0.12　　　　　　　　D. 0.05~0.08

113. 铰削时,切削速度越低,表面粗糙度越小。因此,切削速度一般宜小于(　　)
m/min。

　　A. 5　　　　　B. 10　　　　　C. 15　　　　　D. 20

114. 为了保证孔的尺寸精度,铰刀尺寸宜选择在被加工孔公差带的(　　)左右。

　　A. 上面 1/3　　B. 下面 1/3　　C. 中间 1/3　　D. 1/3

115. 切削速度选择不当,产生积屑瘤,会造成(　　)。

　　A. 孔的尺寸超差　　　　　　　　B. 内孔有锥度

　　C. 内孔表面粗糙度超差　　　　　D. 同轴度、垂直度超差

116. 用软卡爪装夹时,软卡爪没有车好,会造成(　　)。

　　A. 孔的尺寸超差　　　　　　　　B. 内孔有锥度

　　C. 内孔表面粗糙度超差　　　　　D. 同轴度、垂直度超差

117. 圆锥配合经多次装卸,仍能保证精确的(　　)作用。

　　A. 配合　　　　B. 传动　　　　C. 离心　　　　D. 定心

118. 最大圆锥直径与最小圆锥直径之差与圆锥长度之比称为(　　)。

　　A. 圆锥角　　　B. 圆锥半角　　C. 锥度　　　　D. 斜度

119. 最大圆锥直径与最小圆锥直径之间的轴向距离称为(　　)。

　　A. 圆锥角　　　B. 圆锥长度　　C. 锥度　　　　D. 斜度

120. 如果一个圆锥的锥度 $C=1:5$, $D=32$ mm, $L=40$ mm, 则 $d=$(　　)mm。

　　A. 20　　　　　B. 24　　　　　C. 26　　　　　D. 28

121. 莫氏圆锥分成(　　)个号码。

　　A. 7　　　　　B. 6　　　　　C. 5　　　　　D. 4

122. 米制圆锥的锥度是固定不变的,即 $C=$(　　)。

　　A. 1:16　　　B. 1:20　　　C. 1:12　　　D. 1:24

123. 车外圆锥一般有(　　)种方法。

　　A. 1　　　　　B. 2　　　　　C. 3　　　　　D. 4

124. 成批加工锥度小、锥体长的工件时,可采用(　　)加工圆锥面。

    A. 转动小滑板法 B. 偏移尾座法   C. 靠模车削法   D. 成形刀法

125.（　　）操作简单，调整范围大，能保证一定精度。

    A. 转动小滑板法 B. 偏移尾座法   C. 靠模车削法   D. 宽刃刀车削法

126. 尾座偏移量 S 的计算公式是（　　）。

    A. $S=[(D-d)/2L]L_0$ B. $S=(D-d)/2L$

    C. $S=(D-d)/L_0$ D. $S=(D/2L)L_0$

127. 圆锥锥度 C 的计算公式是（　　）。

    A. $C=[(D-d)/2L]L_0$ B. $C=(D-d)/2L$

    C. $C=(D-d)/L$ D. $C=(D/2L)L_0$

128. 当内锥孔的直径和锥度较大时，车孔后应留铰削余量（　　）mm。

    A. 0.1～0.15   B. 0.2～0.3   C. 0.4～0.5   D. 0.5～0.6

129. 车圆锥时，出现双曲线误差是由于（　　）。

    A. 刀尖与工件回转轴线等高   B. 刀尖一定高于主轴轴线

    C. 刀尖一定低于主轴轴线   D. 刀尖未与工件回转轴线等高

130. 车圆锥面时，若刀尖装得高于或低于工件中心，则工件表面会产生（　　）误差。

    A. 圆度   B. 双曲线   C. 锥度   D. 直线度

131. 对于配合精度要求较高的锥体零件，在工厂中一般采用（　　）检查接触面大小。

    A. 涂色检验法   B. 游标万能角度尺

    C. 角度样板   D. 游标卡尺

132. 在检验标准圆锥或配合精度要求较高的工件时，可用（　　）。

    A. 游标万能角度尺   B. 角度样板

    C. 圆锥塞规或圆锥套规   D. 正弦规

133. 常用的砂布有 00 号、0 号、1 号、$1\frac{1}{2}$ 号和 2 号，其中（　　）号是细砂布。

    A. 00   B. 0   C. 1   D. 2

134. 研磨前，工件必须留的研磨余量一般为（　　）mm。

    A. 0.15～0.2   B. 0.08～0.15   C. 0.02～0.08   D. 0.005～0.02

135. 微粉的粒度号用（　　）表示。

A. V B. W C. Y D. Z

136. 滚花时会产生很大的挤压变形。因此，必须把工件滚花部分直径车（　　）mm。
    A. 小 0.25～0.5 B. 小 0.8～1.6
    C. 大 0.25～0.5 D. 大 0.8～1.6

137. 成形刀按刀具结构可分为（　　）种。
    A. 1 B. 2 C. 3 D. 4

138. 圆形成形刀的主切削刃与圆形成形刀的中心相比应（　　）。
    A. 较高 B. 较低 C. 等高 D. 任意

139. 对数量较少或单件成形面工件，可采用（　　）进行车削。
    A. 成形法 B. 专用工具 C. 仿形法 D. 双手控制

140. 成形面的车削方法有（　　）种。
    A. 1 B. 2 C. 3 D. 4

141. 螺纹按其螺旋线线数不同可分为单线螺纹和（　　）。
    A. 多线螺纹 B. 双线螺纹 C. 三线螺纹 D. 四线螺纹

142. 螺纹的螺距表示为（　　）。
    A. D B. h C. L D. P

143. Tr 是（　　）的代号。
    A. 三角形螺纹 B. 梯形螺纹 C. 蜗杆 D. 锯齿形螺纹

144. 车削工件材料为中碳钢的普通内螺纹，计算孔径尺寸的近似公式为（　　）。
    A. $D_1 = D - P$ B. $D_1 = D - 0.541\,3P$
    C. $D_1 = d - 1.082\,5P$ D. $d_2 = d - 0.649\,5P$

145. 普通粗牙螺纹 M12 的螺距是（　　）mm。
    A. 1.5 B. 1.75 C. 2 D. 2.5

146. 普通粗牙螺纹 M24 的螺距是（　　）mm。
    A. 1.5 B. 2 C. 2.5 D. 3

147. 根据粗、精车的要求，粗车刀前角（　　），后角（　　）。
    A. 大、小 B. 大、大 C. 小、大 D. 小、小

148. 车刀刀尖倒棱宽度一般为（　　）。

    A. 0.4×螺距　　　　B. 0.3×螺距　　　　C. 0.2×螺距　　　　D. 0.1×螺距

149. 装螺纹车刀时，车刀刀尖对称中心应与工件轴线（　　）。

    A. 成45°夹角　　　B. 成75°夹角　　　C. 平行　　　　　　D. 垂直

150. 用硬质合金车刀高速车螺纹时，它的径向前角为（　　）。

    A. −1°　　　　　　B. 0°　　　　　　　C. 1°　　　　　　　D. 2°

151. 用硬质合金车刀高速车螺纹时，切削速度取（　　）m/min。

    A. 40～60　　　　　B. 60～70　　　　　C. 50～80　　　　　D. 70～90

152. 板牙套螺纹一般用于加工不大于 M16 或螺距小于（　　）mm 的螺纹上。

    A. 1　　　　　　　B. 1.5　　　　　　C. 2　　　　　　　D. 2.5

153. 在机床上攻螺纹，切削一般钢件时切削速度可选（　　）m/min。

    A. 6～15　　　　　B. 15～20　　　　　C. 20～25　　　　　D. 25～30

154. 在机床上攻螺纹，切削铸铁或青铜时切削速度可选（　　）m/min。

    A. 6～10　　　　　B. 6～20　　　　　C. 20～25　　　　　D. 25～30

155. 测量外三角形螺纹一般使用（　　）。

    A. 钢直尺　　　　　B. 螺纹量规　　　　C. 螺纹千分尺　　　D. 游标卡尺

156. 普通三角形螺纹的牙型角是（　　）。

    A. 30°　　　　　　B. 40°　　　　　　C. 55°　　　　　　D. 60°

157. 高速车外三角形螺纹时，车螺纹之前的工件外径应（　　）螺纹大径。

    A. 等于　　　　　　B. 略大于　　　　　C. 远大于　　　　　D. 略小于

158. 精车时，必须用（　　）才能使螺纹的两侧面都获得较小的表面粗糙度。

    A. 直进法　　　　　B. 斜进法　　　　　C. 左右切削法　　　D. 车直槽法

159. 米制梯形螺纹牙槽底宽 W（最大刀头宽）的计算公式是（　　）。

    A. $W=0.366P-0.536a_c$　　　　　　　　B. $W=0.366P$

    C. $W=0.536a_c$　　　　　　　　　　　D. $W=0.366P+0.536a_c$

160. 牙高的计算公式是（　　）。

    A. $h_3=0.5P-a_c$　　　　　　　　　　B. $h_3=0.5P$

C. $h_3 = 0.5P + a_c$　　　　　　　　　D. $h_3 = d - 0.5P$

161. 梯形螺纹粗车刀的刀尖宽度应为（　　）螺距宽。

　　　A. 1/2　　　　　B. 1/3　　　　　C. 1/4　　　　　D. 1/5

162. 车螺纹时如用弹性刀杆，刀杆应高于轴线约（　　）mm。

　　　A. 0.1　　　　　B. 0.2　　　　　C. 0.3　　　　　D. 0.4

163. 螺纹加工中，车刀在第二次进刀时，刀尖（　　），未与前一次进刀车出的螺旋槽重合并把螺纹车乱，这种情况称为乱牙。

　　　A. 偏左　　　　　B. 偏右　　　　　C. 偏左和偏右　　　D. 偏左或偏右

164. 车床丝杠螺距为 6 mm，车削 $P = $（　　）mm 的螺纹会产生乱牙。

　　　A. 1　　　　　　B. 1.5　　　　　C. 2　　　　　　D. 2.5

165. （　　）测量外螺纹中径是一种比较精密的测量方法。

　　　A. 游标卡尺　　　B. 螺纹量规　　　C. 单针　　　　　D. 三针

166. 单针测量和三针测量螺纹中径时，如果螺纹升角大于（　　），会产生较大的测量误差。

　　　A. 2°　　　　　　B. 4°　　　　　　C. 6°　　　　　　D. 8°

167. 普通螺纹的螺距一般用（　　）测量。

　　　A. 千分尺　　　　B. 钢直尺　　　　C. 游标深度尺　　D. 百分表

168. 螺纹的综合测量使用（　　）。

　　　A. 钢直尺　　　　B. 游标卡尺　　　C. 螺纹千分尺　　D. 螺纹量规

169. 车削内螺纹时，为了保证零件的尺寸精度，通常采用的测量工具是（　　）。

　　　A. 塞规　　　　　　　　　　　　　　B. 环规

　　　C. 比图样精度要求高一级的螺纹塞规　D. 比图样精度要求低一级的螺纹塞规

┆┅┆　相关知识　┆┅┆

一、判断题（将判断结果填入括号中。正确的填"√"，错误的填"×"）

1. 工作位置周围应经常保持清洁整齐。　　　　　　　　　　　　　　　　　（　　）

2. 清除切屑应使用工具，不准用手拉。 （　　）

3. 工件转动时，不能测量工件和用手抚摸工件。 （　　）

4. 粒度越少则表示砂轮的磨料越细。 （　　）

5. 砂轮的粒度号越大，砂粒就越大。 （　　）

6. 磨料必须锋利，并具备高硬度、良好的耐热性和一定的韧性等特点。 （　　）

7. 电气设备引起火灾后，首先应切断电源，再实施扑救。 （　　）

8. 灭火器应放在被保护物的附近和通风干燥、取用方便的地方。 （　　）

9. 机修钳工除对设备进行安装、调试和维修，还应具有钳工基本操作技能。 （　　）

10. 钻床可采用 220 V 照明灯具。 （　　）

11. Z3040 型摇臂钻床的传动系统可实现主轴回转、主轴进给、摇臂升降及主轴箱的移动。 （　　）

12. 划线是机械加工的重要工序，广泛地用于成批生产和大量生产。 （　　）

13. 划线应从划线基准开始。 （　　）

14. 为使划线清晰，划线前应在铸件毛坯上涂一层蓝油，在已加工表面上涂一层石灰水。 （　　）

15. 安装锯条时应使齿尖的方向向后。 （　　）

16. 锯削硬材料应选择细齿锯条。 （　　）

17. 锉削软材料要选用单齿锉刀或粗齿锉刀。 （　　）

18. 钻孔时进给量要选择合理，钻孔将穿透时，应增大进给量。 （　　）

19. 麻花钻主切削刃上，各点的前角大小不相等。 （　　）

20. 扩孔精度不如钻孔精度高。 （　　）

21. 在塑性材料工件上攻螺纹必须加注切削液，而在脆性材料工件上攻螺纹可不加注切削液。 （　　）

22. 丝锥的校准部分没有完整的牙型，所以可以用来修光和校准已切出的螺纹。 （　　）

23. 磨床能做高精度和表面粗糙度很小的磨削，也能进行高效率的磨削。 （　　）

24. 磨床是利用磨具对工件表面进行磨削加工的机床。 （　　）

25. 粒度是砂轮的主要组成部分。 （　　）

26. 磨削的加工精度较低。　　　　　　　　　　　　　　　　　　　　　（　　）

27. 磨削可以加工高硬度的工件材料。　　　　　　　　　　　　　　　　（　　）

二、单项选择题（选择一个正确的答案，将相应的字母填入题内的括号中）

1. 车床启动后，应使主轴低速空转（　　）min，使润滑油散布到各处，等车床运转正常后才能工作。

　　A. 1～2　　　　　　B. 5～10　　　　　　C. 10～15　　　　　　D. 15～20

2. 违反车床操作规程的行为是（　　）。

　　A. 及时刃磨车刀　　　　　　　　　　　B. 下班后关闭电源

　　C. 在导轨上校正工件　　　　　　　　　D. 及时润滑

3. 碳化硅砂轮适用于（　　）的刃磨。

　　A. 高速钢　　　　　　B. 工具钢　　　　　　C. 硬质合金　　　　　　D. 碳素钢

4. 一般刃磨高速钢材料的车刀可选用（　　）。

　　A. 绿色碳化硅　　　　B. 白刚玉　　　　　　C. 棕刚玉　　　　　　D. 黑色碳化硅

5. 一般刃磨硬质合金材料的车刀可选用（　　）。

　　A. 绿色碳化硅　　　　B. 白刚玉　　　　　　C. 棕刚玉　　　　　　D. 黑色碳化硅

6. （　　）不是电气设备引起火灾的原因之一。

　　A. 短路　　　　　　　B. 过负荷　　　　　　C. 接触电阻热　　　　D. 油温过高

7. 以下情况可以用水扑救的是（　　）。

　　A. 汽油、煤油着火　　　　　　　　　　B. 熔化的铁水、钢水

　　C. 硫酸、盐酸、硝酸火灾　　　　　　　D. 木材引起的火灾

8. 钳工大多使用手工工具，并经常在（　　）上进行手工操作。

　　A. 台虎钳　　　　　　B. 钻床　　　　　　　C. 卡盘　　　　　　D. 砂轮机

9. Z4012 表示台钻，最大钻孔直径为（　　）mm。

　　A. 40　　　　　　　　B. 12　　　　　　　　C. 20　　　　　　　D. 10

10. 台虎钳规格以钳口的宽度表示，常用的有 100 mm、（　　）mm 和 150 mm。

　　A. 125　　　　　　　B. 250　　　　　　　C. 300　　　　　　　D. 500

11. 一般划线精度能达到（　　）。

A. 0.025～0.05 mm　　　　　　　　B. 0.25～0.5 mm

C. 0.25 mm 左右　　　　　　　　　D. 0.5 mm 左右

12. 经过划线确定的加工尺寸，在加工过程中可通过（　　）来保证尺寸精度。

　　A. 测量　　　　　B. 划线　　　　　C. 加工　　　　　D. 找正

13. 平面划线要选择（　　）个划线基准。

　　A. 4　　　　　　　B. 3　　　　　　　C. 2　　　　　　　D. 1

14. 锯条的长度是指两端安装孔的中心距，钳工常用的是（　　）mm 锯条。

　　A. 100　　　　　　B. 200　　　　　　C. 250　　　　　　D. 300

15. 锯条的粗细是以锯条每 25 mm 长度内的齿数来表示的。当每 25 mm 中齿数为 22～24 时，则该锯条为（　　）。

　　A. 粗齿　　　　　B. 中齿　　　　　C. 细齿　　　　　D. 细变中齿

16. 锉削时，锉削的速度一般为（　　）次/min。

　　A. 10　　　　　　B. 20　　　　　　C. 30　　　　　　D. 40

17. 麻花钻切削部分顶端的两个曲面称为（　　）。

　　A. 副后刀面　　　B. 后面　　　　　C. 前面　　　　　D. 切削平面

18. 钻头直径小于 13 mm 时，夹持部分一般做成（　　）。

　　A. 圆柱柄　　　　　　　　　　　　B. 莫氏锥柄

　　C. 方柄　　　　　　　　　　　　　D. 圆柱柄或锥柄

19. 由于容屑槽较小，扩孔钻可做出较多刀齿，并具有导向作用。一般整体式扩孔钻有（　　）个齿。

　　A. 1～2　　　　　B. 2～3　　　　　C. 3～4　　　　　D. 4～5

20. 加工不通孔螺纹时，要使切屑向上排出，丝锥容屑槽应做成（　　）槽。

　　A. 左旋　　　　　B. 右旋　　　　　C. 直　　　　　　D. 任意

21. 在钢件和铸铁工件上分别加工同样直径的内螺纹，钢件底孔直径比铸铁工件底孔直径（　　）。

　　A. 大 0.1P　　　　B. 大 0.2P　　　　C. 小 0.1P　　　　D. 小 0.2P

22. 外圆磨床是主要用于磨削圆柱形和（　　）的磨床。

A. 工件平面 B. 圆锥形内表面

C. 圆锥形外表面 D. 磨削工具

23. 大多数的磨床是使用（　　）进行磨削加工的。

A. 高速旋转的砂轮 B. 油石

C. 砂带 D. 游离磨料

24. 一般粗磨用粗粒度为（　　）的磨料。

A. 36#～60# B. 60#～100#

C. 100#～240# D. 240#～300#

25. 磨削主要用于精加工，一般在车削加工和热处理（　　）进行。

A. 之前 B. 之中 C. 之后 D. 任意时间段

26. 磨削后工件的表面粗糙度为 Ra（　　）μm。

A. 1.6～0.2 B. 0.1～0.012

C. 3.2～1.6 D. 6.3～3.2

27. 铸造生产的缺点是（　　）。

A. 毛坯复杂程度高 B. 劳动条件差

C. 材料来源广，成本低 D. 可切削余量较少，或无切削加工

28. 电弧切割按生成电弧的不同可分为等离子弧切割和（　　）。

A. 碳弧气割 B. 激光切割

C. 水射流切割 D. 氧熔剂切割

第4部分

操作技能复习题

◆◇◆◇◆◇◆◇◆◇◆◇◆◇◆◇◆
零件加工
◇◆◇◆◇◆◇◆◇◆◇◆◇◆◇◆◇

一、要素组合轴二（试题代码①：CG502A－01；考核时间：240 min）

1. 试题单

（1）操作条件

1）设备：卧式车床 C6140 型、C6132 型、C6136 型等。

2）操作工具、量具、刀具及考件备料。

3）操作者劳动防护服、鞋等穿戴齐全。

（2）操作内容

1）对坯料进行外圆、端面、沟槽、内孔、外三角形螺纹等的车削。

2）安全文明操作。

（3）操作要求

1）按图样要求操作。

2）安全文明操作。

---

① 试题代码参见操作技能考核方案中的单元内容。

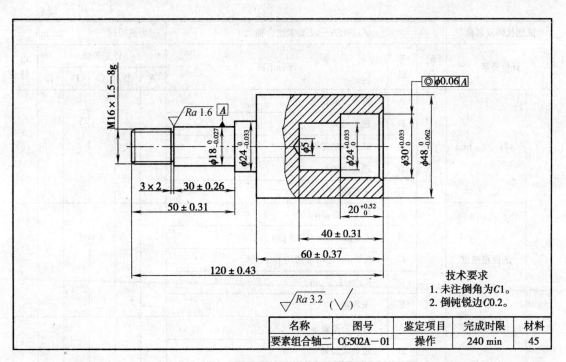

技术要求
1. 未注倒角为C1。
2. 倒钝锐边C0.2。

名称	图号	鉴定项目	完成时限	材料
要素组合轴二	CG502A—01	操作	240 min	45

2. 评分表

试题代码及名称			CG502A—01 要素组合轴二		考核时间		240 min			
评价要素	配分	等级	评分细则	评定等级						得分
				A	B	C	D	E		
1	$\phi 48_{-0.062}^{0}$ mm	7	A	符合公差要求						
			B	超差≤25%						
			C	25%<超差≤50%						
			D	超差>50%						
			E	未答题						
	表面粗糙度	3	A	$Ra \leqslant 3.2\ \mu m$						
			B	$3.2\ \mu m < Ra \leqslant 6.3\ \mu m$						
			C	$6.3\ \mu m < Ra \leqslant 12.5\ \mu m$						
			D	$Ra > 12.5\ \mu m$						
			E	未答题						

续表

试题代码及名称			CG502A-01 要素组合轴二	考核时间		240 min			
评价要素	配分	等级	评分细则	评定等级					得分
				A	B	C	D	E	
2 $\phi24_{-0.033}^{0}$ mm	7	A	符合公差要求						
		B	超差≤25%						
		C	25%＜超差≤50%						
		D	超差＞50%						
		E	未答题						
表面粗糙度	3	A	Ra≤3.2 μm						
		B	3.2 μm＜Ra≤6.3 μm						
		C	6.3 μm＜Ra≤12.5 μm						
		D	Ra＞12.5 μm						
		E	未答题						
3 $\phi18_{-0.027}^{0}$ mm	7	A	符合公差要求						
		B	超差≤25%						
		C	25%＜超差≤50%						
		D	超差＞50%						
		E	未答题						
表面粗糙度	3	A	Ra≤1.6 μm						
		B	1.6 μm＜Ra≤3.2 μm						
		C	3.2 μm＜Ra≤6.3 μm						
		D	Ra＞6.3 μm						
		E	未答题						
4 (30±0.26) mm	4	A	符合公差要求						
		B	超差≤25%						
		C	25%＜超差≤50%						
		D	超差＞50%						
		E	未答题						

续表

试题代码及名称				CG502A—01 要素组合轴二	考核时间		240 min		
评价要素	配分	等级		评分细则	评定等级				得分
					A	B	C	D	E
5	阶台内孔 $\phi 24^{+0.033}_{0}$ mm	5	A	符合公差要求					
			B	超差≤25%					
			C	25%<超差≤50%					
			D	超差>50%					
			E	未答题					
	表面粗糙度	4	A	Ra≤3.2 μm					
			B	3.2 μm<Ra≤6.3 μm					
			C	6.3 μm<Ra≤12.5 μm					
			D	Ra>12.5 μm					
			E	未答题					
6	阶台内孔 $\phi 30^{+0.033}_{0}$ mm	5	A	符合公差要求					
			B	超差≤25%					
			C	25%<超差≤50%					
			D	超差>50%					
			E	未答题					
	表面粗糙度	4	A	Ra≤3.2 μm					
			B	3.2 μm<Ra≤6.3 μm					
			C	6.3 μm<Ra≤12.5 μm					
			D	Ra>12.5 μm					
			E	未答题					
7	$20^{+0.52}_{0}$ mm	4	A	符合公差要求					
			B	超差≤25%					
			C	25%<超差≤50%					
			D	超差>50%					
			E	未答题					

续表

试题代码及名称			CG502A—01 要素组合轴二		考核时间		240 min		
评价要素	配分	等级	评分细则	评定等级					得分
				A	B	C	D	E	
8 三角形螺纹 M16×1.5−8g	18	A	符合公差要求						
		B	超差≤25%						
		C	25%<超差≤50%						
		D	超差>50%						
		E	未答题						
表面粗糙度	4	A	$Ra \leqslant 3.2\ \mu m$						
		B	$3.2\ \mu m < Ra \leqslant 6.3\ \mu m$						
		C	$6.3\ \mu m < Ra \leqslant 12.5\ \mu m$						
		D	$Ra > 12.5\ \mu m$						
		E	未答题						
牙型角 60°±10′	4	A	符合公差要求						
		B	超差≤25%						
		C	25%<超差≤50%						
		D	超差>50%						
		E	未答题						
9 同轴度 ϕ0.06 mm	6	A	符合公差要求						
		B	超差≤25%						
		C	25%<超差≤50%						
		D	超差>50%						
		E	未答题						
10 其余表面粗糙度	3	A	$Ra \leqslant 3.2\ \mu m$						
		B	$3.2\ \mu m < Ra \leqslant 6.3\ \mu m$						
		C	$6.3\ \mu m < Ra \leqslant 12.5\ \mu m$						
		D	$Ra > 12.5\ \mu m$						
		E	未答题						

续表

试题代码及名称				CG502A－01 要素组合轴二	考核时间		240 min		
评价要素		配分	等级	评分细则	评定等级				得分
					A　B　C		D　E		
11	倒角 C1 mm	1	A	符合要求					
			B	倒角宽度：0.5～0.8 mm 或 1.2～1.5 mm					
			C	倒角宽度＜0.5 mm					
			D	倒角宽度＞1.5 mm					
			E	未答题					
12	操作安全， 场地清理	8	A	操作安全文明，工完场地清					
			B	操作较文明，场地整理清洁					
			C	操作较文明，场地不够清洁					
			D	操作野蛮，场地不清扫					
			E	未答题					
合计配分		100		合计得分					

等级	A（优）	B（良）	C（及格）	D（较差）	E（差或未答题）
比值	1.0	0.8	0.6	0.2	0

"评价要素"得分＝配分×等级比值。

二、要素组合轴三 （试题代码：CG503A－01；考核时间：240 min)

1. 试题单

(1) 操作条件

1) 设备：卧式车床 C6140 型、C6132 型、C6136 型等。

2) 操作工具、量具、刀具及考件备料。

3) 操作者劳动防护服、鞋等穿戴齐全。

(2) 操作内容

1) 对坯料进行外圆、端面、内孔、沟槽、圆锥面、外三角形螺纹等的车削。

2) 安全文明操作。

(3) 操作要求

1) 按图样要求操作。

2）安全文明操作。

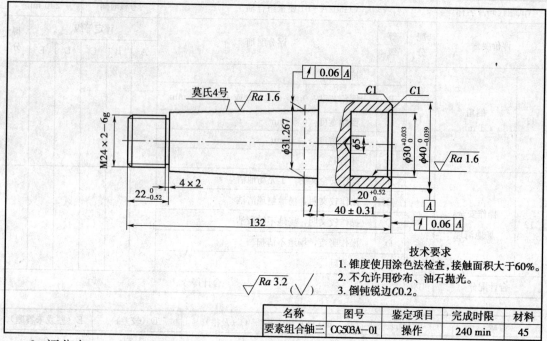

技术要求
1. 锥度使用涂色法检查，接触面积大于60%。
2. 不允许用砂布、油石抛光。
3. 倒钝锐边C0.2。

名称	图号	鉴定项目	完成时限	材料
要素组合轴三	CG503A-01	操作	240 min	45

2. 评分表

试题代码及名称			CG503A-01 要素组合轴三		考核时间		240 min			
评价要素	配分	等级	评分细则	评定等级					得分
				A	B	C	D	E	
1	$\phi 40_{-0.039}^{0}$ mm	7	A	符合公差要求						
			B	超差≤25%						
			C	25%＜超差≤50%						
			D	超差＞50%						
			E	未答题						
	表面粗糙度	3	A	$Ra≤3.2\ \mu m$						
			B	$3.2\ \mu m＜Ra≤6.3\ \mu m$						
			C	$6.3\ \mu m＜Ra≤12.5\ \mu m$						
			D	$Ra＞12.5\ \mu m$						
			E	未答题						

续表

试题代码及名称				CG503A—01 要素组合轴三	考核时间				240 min	

评价要素		配分	等级	评分细则	评定等级					得分
					A	B	C	D	E	
2	(40 ± 0.31) mm	4	A	符合公差要求						
			B	超差≤25%						
			C	25%<超差≤50%						
			D	超差>50%						
			E	未答题						
3	车内孔 $\phi30^{+0.033}_{0}$ mm	12	A	符合公差要求						
			B	超差≤25%						
			C	25%<超差≤50%						
			D	超差>50%						
			E	未答题						
	表面粗糙度	3	A	$Ra\leq1.6$ μm						
			B	1.6 μm<$Ra\leq3.2$ μm						
			C	3.2 μm<$Ra\leq6.3$ μm						
			D	$Ra>6.3$ μm						
			E	未答题						
4	$20^{+0.52}_{0}$ mm	3	A	符合公差要求						
			B	超差≤25%						
			C	25%<超差≤50%						
			D	超差>50%						
			E	未答题						
5	车圆锥面 $\phi31.267$ mm	6	A	符合公差要求						
			B	超差≤25%						
			C	25%<超差≤50%						
			D	超差>50%						
			E	未答题						

续表

试题代码及名称				CG503A—01 要素组合轴三	考核时间					240 min		
评价要素		配分	等级	评分细则	评定等级					得分		
					A	B	C	D	E			
5	表面粗糙度	4	A	$Ra \leqslant 1.6\ \mu m$								
			B	$1.6\ \mu m < Ra \leqslant 3.2\ \mu m$								
			C	$3.2\ \mu m < Ra \leqslant 6.3\ \mu m$								
			D	$Ra > 6.3\ \mu m$								
			E	未答题								
	圆锥面接触面积大于60%	10	A	符合公差要求								
			B	40%≤接触面积<60%								
			C	20%≤接触面积<40%								
			D	接触面积<20%								
			E	未答题								
6	三角形螺纹 M24×2—6g	18	A	符合公差要求								
			B	超差≤25%								
			C	25%<超差≤50%								
			D	超差>50%								
			E	未答题								
	表面粗糙度	4	A	$Ra \leqslant 3.2\ \mu m$								
			B	$3.2\ \mu m < Ra \leqslant 6.3\ \mu m$								
			C	$6.3\ \mu m < Ra \leqslant 12.5\ \mu m$								
			D	$Ra > 12.5\ \mu m$								
			E	未答题								
	牙型角60°±10′	4	A	符合公差要求								
			B	超差≤25%								
			C	25%<超差≤50%								
			D	超差>50%								
			E	未答题								

续表

试题代码及名称				CG503A—01 要素组合轴三	考核时间			240 min		
评价要素		配分	等级	评分细则	评定等级					得分
					A	B	C	D	E	
7	径向跳动 0.06 mm	5	A	符合公差要求						
			B	超差≤25%						
			C	25%<超差≤50%						
			D	超差>50%						
			E	未答题						
	端面跳动 0.06 mm	5	A	符合公差要求						
			B	超差≤25%						
			C	25%<超差≤50%						
			D	超差>50%						
			E	未答题						
8	其余 表面粗糙度	3	A	$Ra≤3.2\ \mu m$						
			B	$3.2\ \mu m<Ra≤6.3\ \mu m$						
			C	$6.3\ \mu m<Ra≤12.5\ \mu m$						
			D	$Ra>12.5\ \mu m$						
			E	未答题						
9	倒角 $C1$ mm	1	A	符合要求						
			B	倒角宽度:0.5～0.8 mm 或 1.2～1.5 mm						
			C	倒角宽度<0.5 mm						
			D	倒角度度>1.5 mm						
			E	未答题						
10	操作安全, 场地清理	8	A	操作安全文明,工完场地清						
			B	操作较文明,场地整理清洁						
			C	操作较文明,场地不够清洁						
			D	操作野蛮,场地不清扫						
			E	未答题						
合计配分		100		合计得分						

等级	A（优）	B（良）	C（及格）	D（较差）	E（差或未答题）
比值	1.0	0.8	0.6	0.2	0

"评价要素"得分＝配分×等级比值。

三、要素组合轴四（试题代码：CG504A－01；考核时间：240 min）

1. 试题单

（1）操作条件

1）设备：卧式车床 C6140 型、C6132 型、C6136 型等。

2）操作工具、量具、刀具及考件备料。

3）操作者劳动防护服、鞋等穿戴齐全。

（2）操作内容

1）对坯料进行外圆、端面、沟槽、内孔、内三角形螺纹等的车削。

2）安全文明操作。

（3）操作要求

1）按图样要求操作。

2）安全文明操作。

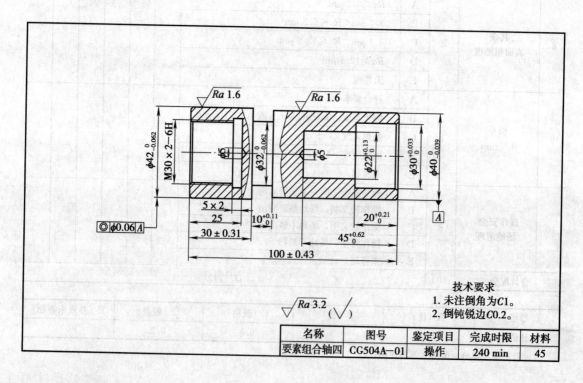

技术要求
1. 未注倒角为C1。
2. 倒钝锐边C0.2。

名称	图号	鉴定项目	完成时限	材料
要素组合轴四	CG504A－01	操作	240 min	45

2. 评分表

试题代码及名称			CG504A—01 要素组合轴四		考核时间		240 min			
评价要素	配分	等级	评分细则	评定等级						得分
				A	B	C	D	E		
1	$\phi 40_{-0.039}^{0}$ mm	5	A	符合公差要求						
			B	超差≤25％						
			C	25％<超差≤50％						
			D	超差>50％						
			E	未答题						
	表面粗糙度	3	A	Ra≤1.6 μm						
			B	1.6 μm<Ra≤3.2 μm						
			C	3.2 μm<Ra≤6.3 μm						
			D	Ra>6.3 μm						
			E	未答题						
2	(30±0.31) mm	3	A	符合公差要求						
			B	超差≤25％						
			C	25％<超差≤50％						
			D	超差>50％						
			E	未答题						
3	$\phi 42_{-0.062}^{0}$ mm	5	A	符合公差要求						
			B	超差≤25％						
			C	25％<超差≤50％						
			D	超差>50％						
			E	未答题						
	表面粗糙度	3	A	Ra≤1.6 μm						
			B	1.6 μm<Ra≤3.2 μm						
			C	3.2 μm<Ra≤6.3 μm						
			D	Ra>6.3 μm						
			E	未答题						

续表

试题代码及名称				CG504A—01 要素组合轴四	考核时间		240 min			
评价要素		配分	等级	评分细则	评定等级					得分
					A	B	C	D	E	
4	$20^{+0.21}_{0}$ mm	2	A	符合公差要求						
			B	超差≤25%						
			C	25%<超差≤50%						
			D	超差>50%						
			E	未答题						
5	车内孔 $\phi22^{+0.13}_{0}$ mm	4	A	符合公差要求						
			B	超差≤25%						
			C	25%<超差≤50%						
			D	超差>50%						
			E	未答题						
	表面粗糙度	2	A	Ra≤3.2 μm						
			B	3.2 μm<Ra≤6.3 μm						
			C	6.3 μm<Ra≤12.5 μm						
			D	Ra>12.5 μm						
			E	未答题						
6	车内孔 $\phi30^{+0.033}_{0}$ mm	6	A	符合公差要求						
			B	超差≤25%						
			C	25%<超差≤50%						
			D	超差>50%						
			E	未答题						
	表面粗糙度	4	A	Ra≤3.2 μm						
			B	3.2 μm<Ra≤6.3 μm						
			C	6.3 μm<Ra≤12.5 μm						
			D	Ra>12.5 μm						
			E	未答题						

续表

试题代码及名称			CG504A—01要素组合轴四		考核时间			240 min	

评价要素		配分	等级	评分细则	评定等级					得分
					A	B	C	D	E	
7	内三角形螺纹 M30×2—6H	18	A	使用标准塞规检验，符合要求						
			B	通端进入长度＞50％						
			C	25％＜通端进入长度≤50％						
			D	止端进入长度＞50％						
			E	未答题						
	表面粗糙度	4	A	$Ra \leqslant 3.2\ \mu m$						
			B	$3.2\ \mu m < Ra \leqslant 6.3\ \mu m$						
			C	$6.3\ \mu m < Ra \leqslant 12.5\ \mu m$						
			D	$Ra > 12.5\ \mu m$						
			E	未答题						
	牙型角 60°±10′	4	A	符合公差要求						
			B	超差≤25％						
			C	25％＜超差≤50％						
			D	超差＞50％						
			E	未答题						
8	沟槽 $\phi 32_{-0.062}^{\ 0}$ mm	5	A	符合公差要求						
			B	超差≤25％						
			C	25％＜超差≤50％						
			D	超差＞50％						
			E	未答题						
	表面粗糙度	3	A	$Ra \leqslant 1.6\ \mu m$						
			B	$1.6\ \mu m < Ra \leqslant 3.2\ \mu m$						
			C	$3.2\ \mu m < Ra \leqslant 6.3\ \mu m$						
			D	$Ra > 6.3\ \mu m$						
			E	未答题						

续表

试题代码及名称				CG504A－01 要素组合轴四		考核时间			240 min	
评价要素		配分	等级	评分细则	评定等级					得分
					A	B	C	D	E	
9	$10^{+0.11}_{0}$ mm	8	A	符合公差要求						
			B	超差≤25％						
			C	25％＜超差≤50％						
			D	超差＞50％						
			E	未答题						
10	同轴度 $\phi0.06$ mm	6	A	符合公差要求						
			B	超差≤25％						
			C	25％＜超差≤50％						
			D	超差＞50％						
			E	未答题						
11	其余表面粗糙度	3	A	$Ra≤3.2\ \mu m$						
			B	$3.2\ \mu m＜Ra≤6.3\ \mu m$						
			C	$6.3\ \mu m＜Ra≤12.5\ \mu m$						
			D	$Ra＞12.5\ \mu m$						
			E	未答题						
12	倒角 $C1$ mm	1	A	符合要求						
			B	倒角宽度：0.5～0.8 mm 或 1.2～1.5 mm						
			C	倒角宽度＜0.5 mm						
			D	倒角宽度＞1.5 mm						
			E	未答题						
13	操作安全，场地清理	8	A	操作安全文明，工完场地清						
			B	操作较文明，场地整理清洁						
			C	操作较文明，场地不够清洁						
			D	操作野蛮，场地不清扫						
			E	未答题						
合计配分		100		合计得分						

等级	A（优）	B（良）	C（及格）	D（较差）	E（差或未答题）
比值	1.0	0.8	0.6	0.2	0

"评价要素"得分＝配分×等级比值。

四、要素组合轴五（试题代码：CG505A－01；考核时间：240 min）

1. 试题单

(1) 操作条件

1) 设备：卧式车床 C6140 型、C6132 型、C6136 型等。

2) 操作工具、量具、刀具及考件备料。

3) 操作者劳动防护服、鞋等穿戴齐全。

(2) 操作内容

1) 对坯料进行外圆、端面、沟槽、内孔、外三角形螺纹等的车削。

2) 安全文明操作。

(3) 操作要求

1) 按图样要求操作。

2) 安全文明操作。

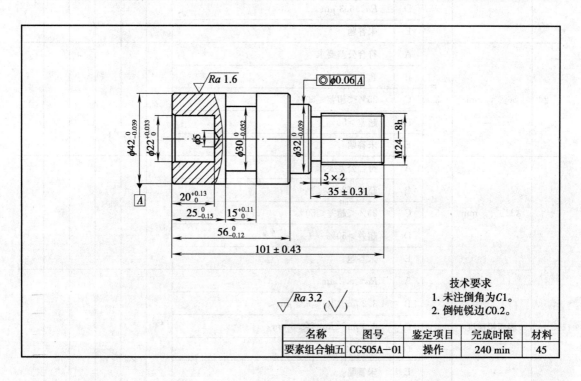

技术要求
1. 未注倒角为 C1。
2. 倒钝锐边 C0.2。

名称	图号	鉴定项目	完成时限	材料
要素组合轴五	CG505A－01	操作	240 min	45

2. 评分表

试题代码及名称				CG505A-01 要素组合轴五	考核时间		240 min

评价要素		配分	等级	评分细则	评定等级 A	B	C	D	E	得分
1	$\phi 42_{-0.039}^{0}$ mm	8	A	符合公差要求						
			B	超差≤25%						
			C	25%<超差≤50%						
			D	超差>50%						
			E	未答题						
	表面粗糙度	3	A	$Ra \leqslant 1.6\ \mu m$						
			B	$1.6\ \mu m < Ra \leqslant 3.2\ \mu m$						
			C	$3.2\ \mu m < Ra \leqslant 6.3\ \mu m$						
			D	$Ra > 6.3\ \mu m$						
			E	未答题						
2	$56_{-0.12}^{0}$ mm	3	A	符合公差要求						
			B	超差≤25%						
			C	25%<超差≤50%						
			D	超差>50%						
			E	未答题						
3	$\phi 32_{-0.039}^{0}$ mm	5	A	符合公差要求						
			B	超差≤25%						
			C	25%<超差≤50%						
			D	超差>50%						
			E	未答题						
	表面粗糙度	3	A	$Ra \leqslant 3.2\ \mu m$						
			B	$3.2\ \mu m < Ra \leqslant 6.3\ \mu m$						
			C	$6.3\ \mu m < Ra \leqslant 12.5\ \mu m$						
			D	$Ra > 12.5\ \mu m$						
			E	未答题						

试题代码及名称				CG505A—01 要素组合轴五	考核时间		240 min			
评价要素		配分	等级	评分细则	评定等级					得分
					A	B	C	D	E	
4	$20^{+0.13}_{0}$ mm	6	A	符合公差要求						
			B	超差≤25%						
			C	25%<超差≤50%						
			D	超差>50%						
			E	未答题						
5	车内孔 $\phi 22^{+0.033}_{0}$ mm	8	A	符合公差要求						
			B	超差≤25%						
			C	25%<超差≤50%						
			D	超差>50%						
			E	未答题						
	表面粗糙度	4	A	$Ra \leqslant 3.2\ \mu m$						
			B	$3.2\ \mu m < Ra \leqslant 6.3\ \mu m$						
			C	$6.3\ \mu m < Ra \leqslant 12.5\ \mu m$						
			D	$Ra > 12.5\ \mu m$						
			E	未答题						
6	三角形螺纹 M24－8h	18	A	符合公差要求						
			B	超差≤25%						
			C	25%<超差≤50%						
			D	超差>50%						
			E	未答题						
	表面粗糙度	4	A	$Ra \leqslant 3.2\ \mu m$						
			B	$3.2\ \mu m < Ra \leqslant 6.3\ \mu m$						
			C	$6.3\ \mu m < Ra \leqslant 12.5\ \mu m$						
			D	$Ra > 12.5\ \mu m$						
			E	未答题						

试题代码及名称				CG505A—01 要素组合轴五	考核时间		240 min

评价要素		配分	等级	评分细则	评定等级					得分
					A	B	C	D	E	
6	牙型角 60°±10′	4	A	符合公差要求						
			B	超差≤25%						
			C	25%<超差≤50%						
			D	超差>50%						
			E	未答题						
7	沟槽 $\phi 30_{-0.052}^{0}$ mm	5	A	符合公差要求						
			B	超差≤25%						
			C	25%<超差≤50%						
			D	超差>50%						
			E	未答题						
	表面粗糙度	4	A	$Ra≤3.2\ \mu m$						
			B	$3.2\ \mu m<Ra≤6.3\ \mu m$						
			C	$6.3\ \mu m<Ra≤12.5\ \mu m$						
			D	$Ra>12.5\ \mu m$						
			E	未答题						
8	$15_{0}^{+0.11}$ mm	8	A	符合公差要求						
			B	超差≤25%						
			C	25%<超差≤50%						
			D	超差>50%						
			E	未答题						
9	同轴度 $\phi 0.06$ mm	6	A	符合公差要求						
			B	超差≤25%						
			C	25%<超差≤50%						
			D	超差>50%						
			E	未答题						

续表

试题代码及名称				CG505A－01 要素组合轴五	考核时间			240 min	

评价要素		配分	等级	评分细则	评定等级					得分
					A	B	C	D	E	
10	其余表面粗糙度	3	A	$Ra \leqslant 3.2\ \mu m$						
			B	$3.2\ \mu m < Ra \leqslant 6.3\ \mu m$						
			C	$6.3\ \mu m < Ra \leqslant 12.5\ \mu m$						
			D	$Ra > 12.5\ \mu m$						
			E	未答题						
11	倒角 C1 mm	1	A	符合要求						
			B	倒角宽度：0.5～0.8 mm 或 1.2～1.5 mm						
			C	倒角宽度＜0.5 mm						
			D	倒角宽度＞1.5 mm						
			E	未答题						
12	操作安全，场地清理	8	A	操作安全文明，工完场地清						
			B	操作较文明，场地整理清洁						
			C	操作较文明，场地不够清洁						
			D	操作野蛮，场地不清扫						
			E	未答题						
合计配分		100		合计得分						

等级	A（优）	B（良）	C（及格）	D（较差）	E（差或未答题）
比值	1.0	0.8	0.6	0.2	0

"评价要素"得分＝配分×等级比值。

第5部分

理论知识考试模拟试卷及答案

车工（五级）理论知识试卷

注 意 事 项

1. 考试时间：90 min。

2. 请首先按要求在试卷的标封处填写您的姓名、准考证号和所在单位的名称。

3. 请仔细阅读各种题目的回答要求，在规定的位置填写您的答案。

4. 不要在试卷上乱写乱画，不要在标封区填写无关的内容。

	一	二	总分
得分			

得分	
评分人	

一、判断题（第1题～第60题。将判断结果填入括号中。正确的填"√"，错误的填"×"。每题0.5分，满分30分）

1. 无论是放大或缩小，图样中所标尺寸一定是实际尺寸，与图形大小无关。　　（　　）

2. 投影面垂直面的投影特性是在与平面垂直的投影面上，其投影积聚成一条水平线。

（　　）

3. 平面立体上相邻表面的交线称为棱线。　　　　　　　　　　　　　　（　　）

4. 左旋螺纹在图样上可以不标注。　　　　　　　　　　　　　　　　　（　　）

5. 在齿轮的规定画法中，分度圆和分度线用细实线绘制。　　　　　　　（　　）

6. 极限偏差是允许尺寸变化的两个极限值，它以实际尺寸为基数来确定。（　　）

7. "◎"是表示同轴度位置公差的符号。　　　　　　　　　　　　　　　（　　）

8. 在四杆机构中的"死点"位置必须克服。　　　　　　　　　　　　　（　　）

9. 所有轮系的齿轮轴的几何位置都是固定的。　　　　　　　　　　　　（　　）

10. V 带传动的张紧轮应尽量靠近大带轮的一边。　　　　　　　　　　（　　）

11. 变位齿轮的齿根强度比一般齿轮的高。　　　　　　　　　　　　　（　　）

12. 螺纹连接是一种不可拆的连接。　　　　　　　　　　　　　　　　（　　）

13. 双作用式叶片泵只能作为定量泵使用。　　　　　　　　　　　　　（　　）

14. 在一粗细不等的管道中，横截面小的部位流速较高，液体的压力就较低，反之压力就较高。　　　　　　　　　　　　　　　　　　　　　　　　　　　　　　（　　）

15. 球墨铸铁的耐磨性、减振性都较好，但铸造性比钢差。　　　　　　（　　）

16. 锻压加工以后，必须进行完全退火，才适合切削加工。　　　　　　（　　）

17. 表面淬火使钢表层得到高硬度，而心部还是原来的组织。　　　　　（　　）

18. 在操作车床时可以戴手套。　　　　　　　　　　　　　　　　　　（　　）

19. 陶瓷不能作为切削用的刀具材料。　　　　　　　　　　　　　　　（　　）

20. 即将被切去的金属层表面称为待加工表面。　　　　　　　　　　　（　　）

21. 工件材料越硬、越脆，刀具前角越小，切削厚度越大，越容易产生挤裂切屑。
　　　　　　　　　　　　　　　　　　　　　　　　　　　　　　　　（　　）

22. 精车时，背吃刀量和进给量因受工件精度和表面粗糙度的限制，一般取较小的。
　　　　　　　　　　　　　　　　　　　　　　　　　　　　　　　　（　　）

23. 对于成形刀具来说，积屑瘤的形成会使刀具几何形状发生畸变，直接影响加工精度。　　　　　　　　　　　　　　　　　　　　　　　　　　　　　　　（　　）

24. 切削时加注足量的切削液，可以降低切削区的温度，减少摩擦，延长刀具使用寿命。　　　　　　　　　　　　　　　　　　　　　　　　　　　　　　　（　　）

25. 减小副偏角对减小表面粗糙度效果较明显。 （ ）

26. 用软卡爪夹紧工件时，定位圆柱应放在卡爪的里面，用卡爪底部将其夹紧。 （ ）

27. 90°车刀又称偏刀，按进给方向分为右偏刀和左偏刀两种。 （ ）

28. 精车塑性材料时，车刀前面应磨出较宽的断屑槽。 （ ）

29. 工件端面没车平整，或中心处留有凸头，会使中心钻不能准确地定心而折断。

（ ）

30. 用两顶尖装夹光滑轴车出的工件产生倒锥，则尾座应向远离操作者的方向调整。

（ ）

31. 切断时的切削速度是始终不变的。 （ ）

32. 切断刀底面应平整，否则会使两副后角不对称。 （ ）

33. 所有麻花钻柄部都是莫氏锥柄。 （ ）

34. 用麻花钻钻孔时，背吃刀量等于钻头直径。 （ ）

35. 车孔是常用的孔加工方法之一，只可以做粗加工，加工范围很广。 （ ）

36. 铰刀按用途可分为机用铰刀和手用铰刀。 （ ）

37. 铰孔时应根据工件材料不同选用合适的切削液，这样有利于保证孔的精度。 （ ）

38. 圆锥工件的基本尺寸是指大端直径的尺寸。 （ ）

39. 根据图样上所标注的角度算出圆锥素线与工件轴线的夹角，这就是车床小滑板应该转过的角度。 （ ）

40. 内圆锥双曲线误差的双曲线形状是中间凸进。 （ ）

41. 滚花开始时，必须用较大的进给压力。 （ ）

42. 螺纹按螺旋线数可分为单线螺纹和多线螺纹。 （ ）

43. 普通粗牙螺纹 M10 的螺距是 1.25 mm。 （ ）

44. 工件材料受车刀挤压会使外径胀大，因此螺纹大径应比基本尺寸小 0.2～0.4 mm。

（ ）

45. 左右切削法最适合硬质合金车刀进行高速车削螺纹。 （ ）

46. 车床丝杠螺距为 6 mm，如果车削螺距为 7 mm 的螺纹会产生乱牙。 （ ）

47. 工作位置周围应经常保持清洁整齐。 （ ）

48. 灭火器应放在被保护物的附近和通风干燥、取用方便的地方。 （　　）

49. 锉削软材料要选用单齿锉刀或粗齿锉刀。 （　　）

50. 磨床是利用磨具对工件表面进行磨削加工的机床。 （　　）

51. 正投影的投影线是相互平行的。 （　　）

52. 剖面图只能画在视图的外面，而不能直接画在视图里面。 （　　）

53. 外径千分尺用来测量任何零件的尺寸。 （　　）

54. 实际形状对理想形状的偏离量称为位置误差。 （　　）

55. 黄铜的耐腐蚀性能较好，但耐酸性能较差。 （　　）

56. 由于机床的导轨较长，可用长丝杠机动进给来移动床鞍。 （　　）

57. 用两顶尖装夹工件，虽然精度高，但刚度较差。 （　　）

58. 用单针测量螺纹中径比用三针测量精确。 （　　）

59. 梯形螺纹粗车刀的刀尖角应略小于螺纹牙型角。 （　　）

60. 砂轮的粒度号越大，砂粒就越大。 （　　）

得分	
评分人	

二、单项选择题（第1题～第70题。选择一个正确的答案，将相应的字母填入题内的括号中。每题1分，满分70分）

1. 标题栏的位置必须在图样的（　　）。

　　A. 右下角　　　　B. 左下角　　　　C. 左上角　　　　D. 右上角

2. 当平面平行于投影面时，其投影与原平面的形状、大小相同，这种特性称为（　　）。

　　A. 收缩性　　　　B. 积聚性　　　　C. 散开性　　　　D. 真实性

3. 在螺纹标注中，表示短旋合长度的代号是（　　）。

　　A. L　　　　　　B. N　　　　　　C. LH　　　　　　D. S

4. 百分表的测量杆应（　　）于被测表面，否则测出的结果不准确。

　　A. 平行　　　　　B. 倾斜　　　　　C. 垂直　　　　　D. 交叉

5. 机器中的配合应尽可能采用（　　）。

　　A. 基孔制　　　　B. 基轴制　　　　C. 间隙配合　　　　D. 过盈配合

6. 以下四种机构中，不属于四杆机构的是（　　）机构。

    A. 双曲柄　　　　　B. 双摇杆　　　　　C. 曲柄摇杆　　　　　D. 滑块

7. 在机械传动中，当发生过载时起保护作用的是（　　）传动。

    A. 齿轮　　　　　　B. 链　　　　　　　C. 螺旋　　　　　　　D. 带

8. 以下四种机构中，具有自锁作用的传动机构是（　　）传动。

    A. 带　　　　　　　B. 齿轮　　　　　　C. 链　　　　　　　　D. 蜗杆

9. 标准直齿圆柱齿轮的压力角为（　　）。

    A. 15°　　　　　　B. 20°　　　　　　C. 29°　　　　　　　D. 30°

10. 在液压系统中，属于执行元件的是（　　）。

    A. 液压缸　　　　　B. 液压马达　　　　C. 液压泵　　　　　　D. 控制阀

11. 发现电线掉地后，下列做法不正确的是（　　）。

    A. 直接用手去捡　　　　　　　　　　　B. 派人看守

    C. 通知电工　　　　　　　　　　　　　D. 切断电源

12. 在合金钢中，合金元素（　　）能提高钢的淬透性，使合金钢具有良好的抗氧化性、耐磨性和耐腐蚀性，是不锈钢的主要成分之一。

    A. 硅　　　　　　　B. 锰　　　　　　　C. 铬　　　　　　　　D. 镍

13. 钢经加热淬火后获得的是（　　）组织。

    A. 马氏体　　　　　B. 奥氏体　　　　　C. 渗碳体　　　　　　D. 珠光体

14. 车削加工中的主运动是（　　）。

    A. 车刀的进给运动　　　　　　　　　　B. 工件的旋转运动

    C. 滑板的直线运动　　　　　　　　　　D. 电动机的运动

15. 违反安全技术规程的是（　　）。

    A. 女同志戴好安全帽　　　　　　　　　B. 戴防护眼镜

    C. 戴手套操作　　　　　　　　　　　　D. 注意力集中

16. 主切削平面与假定工作平面间的夹角是（　　），在基面中测量。

    A. 前角　　　　　　B. 后角　　　　　　C. 主偏角　　　　　　D. 副偏角

17. 粗车时，选择切削用量从大到小的顺序是（　　）。

A. a_p、v_c、f　　　B. a_p、f、v_c　　　C. v_c、a_p、f　　　D. v_c、f、a_p

18. 经过研磨的硬质合金车刀，使用寿命可延长（　　）。

　　A. 10%～20%　　B. 20%～40%　　C. 30%～50%　　D. 50%～60%

19. 为了保证工件的位置精度和加工精度，并且保证每次装夹时的装夹精度，一般采用（　　）装夹方法。

　　A. 四爪单动卡盘　　　　　　　　　B. 三爪自定心卡盘

　　C. 一夹一顶　　　　　　　　　　　D. 两顶尖

20. 心轴是以（　　）作为定位基准来保证工件的同轴度和垂直度。

　　A. 内孔　　　　　B. 外圆　　　　　C. 端面　　　　　D. 台阶平面

21. 外圆车刀中，常用的主偏角为（　　）。

　　A. 10°、30°、60°　　　　　　　　B. 45°、75°、90°

　　C. 30°、60°、90°　　　　　　　　D. 60°、90°、120°

22. 一般粗车刀采用（　　）的刃倾角以增加刀头强度。

　　A. −30°～10°　　B. −10°～0°　　C. −3°～0°　　D. 3°～8°

23. 钻中心孔时应采用（　　）的转速。

　　A. 较高　　　　　B. 中等　　　　　C. 较低　　　　　D. 任意

24. 用两顶尖装夹工件时，若前、后顶尖的连线与车床主轴轴线不同轴，则车出的工件会产生（　　）。

　　A. 倒锥　　　　　B. 顺锥　　　　　C. 倒锥和顺锥　　　D. 倒锥或顺锥

25. 用高速钢切断刀切断中碳钢工件时，前角应取（　　）。

　　A. −10°～0°　　B. 0°～15°　　　C. 20°～30°　　D. 30°～45°

26. 用硬质合金切断刀切断钢料工件时，切削速度一般取（　　）r/min。

　　A. 15～25　　　　B. 30～40　　　　C. 60～80　　　　D. 80～120

27. 切断实心工件时，切断刀必须装到工件轴线（　　）位置，否则不能切到中心，而且容易使切断刀折断。

　　A. 偏上　　　　　B. 等高　　　　　C. 偏下　　　　　D. 任意

28. 加工套类零件时，刀杆尺寸由于受孔径的限制，（　　）较差。

A. 强度   B. 刚度   C. 硬度   D. 韧性

29. 麻花钻的横刃太短会影响钻尖的（ ）。

    A. 耐磨性   B. 强度   C. 抗振性   D. 韧性

30. 扩孔精度一般可达（ ）。

    A. IT11～IT10   B. IT10～IT9   C. IT9～IT8   D. IT8～IT7

31. 为了容易定向和减小进给力，标准手用铰刀主偏角为（ ）。

    A. $40'～1°30'$ B. $1°30'～4°30'$ C. $4°30'～8°$ D. $8°～15°$

32. 用软卡爪装夹工件时，若软卡爪没有车好，容易造成（ ）。

    A. 孔的尺寸超差   B. 内孔有锥度

    C. 内孔表面粗糙度增大   D. 同轴度、垂直度超差

33. 莫氏圆锥分成（ ）个号码。

    A. 7   B. 6   C. 5   D. 4

34. 不影响传动比的大小，只改变齿轮转向的是（ ）。

    A. 主动轮   B. 从动轮   C. 惰轮   D. 行星轮

35. 车刀切削刃正在切削的表面是（ ）。

    A. 已加工表面   B. 过渡表面   C. 待加工表面   D. 基面

36. 尾座偏移量的计算公式是（ ）。

    A. $S=[(D-d)/2L]L_0$ B. $S=(D-d)/2L$

    C. $S=(D-d)/L_0$ D. $S=(D/2L)L_0$

37. 对于配合精度要求较高的锥体零件，在工厂中一般采用（ ）检查接触面大小。

    A. 涂色检验法   B. 游标万能角度尺

    C. 角度样板   D. 游标卡尺

38. 滚花时会产生很大的挤压变形，因此必须把工件滚花部分直径车（ ）mm。

    A. 小 0.25～0.5   B. 小 0.8～1.6

    C. 大 0.25～0.5   D. 大 0.8～1.6

39. 螺纹按其螺旋线线数不同可分为单线螺纹和（ ）。

    A. 多线螺纹   B. 双线螺纹   C. 三线螺纹   D. 四线螺纹

40. 普通粗牙螺纹 M24 的螺距是（　　）mm。

    A. 1.5　　　　　　B. 2　　　　　　　　C. 2.5　　　　　　D. 3

41. 用硬质合金车刀高速车螺纹时，切削速度取（　　）m/min。

    A. 40～60　　　　B. 60～70　　　　　C. 50～80　　　　　D. 70～90

42. 普通三角形螺纹的牙型角为（　　）。

    A. 30°　　　　　B. 40°　　　　　　C. 55°　　　　　　D. 60°

43. 梯形螺纹粗车刀刀尖宽度应为（　　）螺距宽。

    A. 1/2　　　　　B. 1/3　　　　　　C. 1/4　　　　　　D. 1/5

44. （　　）测量外螺纹中径是一种比较精密的测量方法。

    A. 游标卡尺　　　B. 螺纹量规　　　　C. 单针　　　　　　D. 三针

45. 车床启动后，应使主轴低速空转（　　）min，使润滑油散布到各处，等车床运转正常后才能工作。

    A. 1～2　　　　　B. 5～10　　　　　C. 10～15　　　　　D. 15～20

46. 一般刃磨硬质合金材料的车刀可选用（　　）。

    A. 绿色碳化硅　　B. 白刚玉　　　　　C. 棕刚玉　　　　　D. 黑色碳化硅

47. 台虎钳规格以钳口的宽度表示，常用的有 100 mm、（　　）mm 和 150 mm。

    A. 125　　　　　B. 250　　　　　　C. 300　　　　　　D. 500

48. 锯条的粗细是以锯条每 25 mm 长度内的齿数来表示的。当每 25 mm 中齿数为 22～24 时，则该锯条为（　　）。

    A. 粗齿　　　　　B. 中齿　　　　　　C. 细齿　　　　　　D. 细变中齿

49. 加工不通孔螺纹时，要使切屑向上排出，丝锥容屑槽应做成（　　）槽。

    A. 左旋　　　　　B. 右旋　　　　　　C. 直　　　　　　　D. 任意

50. 磨削主要用于精加工，一般在车削加工和热处理（　　）进行。

    A. 之前　　　　　B. 之中　　　　　　C. 之后　　　　　　D. 任意时间段

51. 垂直于侧平面，同时与正平面和水平面均倾斜的是（　　）。

    A. 侧垂面　　　　B. 铅垂面　　　　　C. 正垂面　　　　　D. 侧平面

52. 剖视图的剖面线采用（　　）。

A. 细实线   B. 粗实线   C. 细虚线   D. 细点画线

53. 通过测量所得的尺寸是（   ）尺寸。

    A. 极限   B. 实际   C. 基本   D. 理想

54. 旋转齿轮的几何轴线位置（   ）的轮系称为定轴轮系。

    A. 均固定   B. 其中一个固定

    C. 其中两个以上固定   D. 不固定

55. 齿轮不发生根切的最少齿数一般是（   ）。

    A. 15   B. 16   C. 17   D. 20

56. 熔断器额定电流是指熔断器的（   ）部分允许通过的最大长期工作电流。

    A. 熔管   B. 熔件

    C. 熔管、载流部分和底座   D. 载流部分和底座

57. 钢的表面热处理中，氮化层的深度一般为（   ）mm。

    A. 5～10   B. 10～16   C. 0.1～0.6   D. 0.7～5

58. 中滑板刻度盘控制的背吃刀量是直径余量的（   ）。

    A. 1/2   B. 2倍   C. 1倍   D. 1/4

59. 工件上经刀具切削后产生的表面称为（   ）。

    A. 已加工表面   B. 待加工表面   C. 过渡表面   D. 基面

60. 采用软卡爪装夹工件，虽经多次装夹，一般仍能保持相互位置精度为（   ）mm。

    A. 0.05   B. 0.1   C. 0.2   D. 0.5

61. 用硬质合金切断刀切钢料工件时的进给量一般取（   ）mm/r。

    A. 0.05～0.1   B. 0.1～0.2   C. 0.15～0.25   D. 0.25～0.3

62. 圆锥配合经多次装卸，仍能保证精确的（   ）作用。

    A. 配合   B. 传动   C. 离心   D. 定心

63. 成形刀按刀具结构可分为（   ）种。

    A. 1   B. 2   C. 3   D. 4

64. 高速车外三角形螺纹时，车螺纹之前的工件外径应（   ）螺纹大径。

    A. 等于   B. 略大于   C. 远大于   D. 略小于

65. 普通螺纹的螺距一般用（　　）测量。

　　A. 千分尺　　　　　B. 钢直尺　　　　　C. 游标深度尺　　　D. 百分表

66. 麻花钻由柄部、颈部和（　　）部分等组成。

　　A. 切削　　　　　　B. 导向　　　　　　C. 工作　　　　　　D. 螺旋

67. 根据螺纹粗、精车的要求，螺纹粗车刀前角（　　），后角（　　）。

　　A. 大、小　　　　　B. 大、大　　　　　C. 小、大　　　　　D. 小、小

68. （　　）不是电气设备引起火灾的原因之一。

　　A. 短路　　　　　　B. 过负荷　　　　　C. 接触电阻热　　　D. 油温过高

69. 锉削时，锉削的速度一般为（　　）次/min。

　　A. 10　　　　　　　B. 20　　　　　　　C. 30　　　　　　　D. 40

70. 磨削后工件的表面粗糙度为 Ra（　　）μm。

　　A. 1.6～0.2　　　　B. 0.1～0.012　　　C. 3.2～1.6　　　　D. 6.3～3.2

车工（五级）理论知识试卷答案

一、判断题（第 1 题～第 60 题。将判断结果填入括号中。正确的填"√"，错误的填"×"。每题 0.5 分，满分 30 分）

1.√	2.×	3.√	4.×	5.×	6.×	7.√	8.×	9.×
10.√	11.√	12.×	13.√	14.√	15.√	16.×	17.√	18.×
19.×	20.√	21.×	22.√	23.√	24.√	25.√	26.√	27.√
28.×	29.√	30.×	31.×	32.√	33.√	34.×	35.×	36.√
37.√	38.×	39.√	40.√	41.√	42.√	43.×	44.√	45.×
46.√	47.√	48.√	49.√	50.√	51.√	52.×	53.×	54.×
55.√	56.×	57.√	58.×	59.√	60.×			

二、单项选择题（第 1 题～第 70 题。选择一个正确的答案，将相应的字母填入题内的括号中。每题 1 分，满分 70 分）

1.A	2.D	3.D	4.C	5.A	6.D	7.D	8.D	9.B
10.A	11.A	12.C	13.A	14.B	15.C	16.C	17.B	18.B
19.D	20.A	21.B	22.C	23.A	24.C	25.C	26.D	27.B
28.B	29.B	30.B	31.A	32.D	33.A	34.C	35.A	36.A
37.A	38.B	39.A	40.D	41.C	42.D	43.B	44.D	45.A
46.A	47.A	48.B	49.B	50.C	51.A	52.A	53.B	54.A
55.C	56.C	57.C	58.A	59.A	60.A	61.B	62.D	63.C
64.D	65.B	66.C	67.A	68.D	69.D	70.A		

第6部分

操作技能考核模拟试卷

注 意 事 项

1. 考生根据操作技能考核通知单中所列的试题做好考核准备。

2. 请考生仔细阅读试题单中具体考核内容和要求,并按要求完成操作或进行笔答或口答,若有笔答请考生在答题卷上完成。

3. 操作技能考核时要遵守考场纪律,服从考场管理人员指挥,以保证考核安全顺利进行。

注:操作技能鉴定试题评分表及答案是考评员对考生考核过程及考核结果的评分记录表,也是评分依据。

国家职业资格鉴定

车工(五级)操作技能考核通知单

姓名:

准考证号:

考核日期:

试题 1

试题代码：CG501A—01。

试题名称：要素组合轴一。

考核时间：240 min。

配分：100 分。

车工（五级）操作技能鉴定

试 题 单

试题代码：CG501A—01。

试题名称：要素组合轴一。

考核时间：240 min。

1. 操作条件

（1）设备：普通车床 C6140 型、C6132 型、C6136 型等。

（2）操作工具、量具、刀具及考件备料。

（3）操作者劳动防护服、鞋等穿戴齐全。

2. 操作内容

（1）对坯料进行外圆、端面、沟槽、圆锥面、外三角形螺纹等的车削。

（2）安全文明操作。

3. 操作要求

（1）按图样要求操作。

（2）安全文明操作。

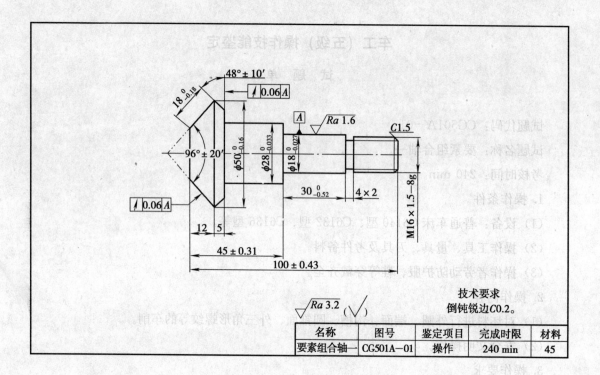

技术要求
倒钝锐边C0.2。

名称	图号	鉴定项目	完成时限	材料
要素组合轴一	CG501A—01	操作	240 min	45

车工（五级）操作技能鉴定

试题评分表

考生姓名：　　　　　　　　准考证号：

试题代码及名称			CG501A—01 要素组合轴一	考核时间			240 min	
评价要素	配分	等级	评分细则	评定等级					得分
				A	B	C	D	E	
1	$\phi 18_{-0.027}^{0}$ mm	10	A	符合公差要求					
			B	超差≤25%					
			C	25%＜超差≤50%					
			D	超差＞50%					
			E	未答题					
	表面粗糙度	3	A	$Ra \leqslant 1.6\ \mu m$					
			B	$1.6\ \mu m＜Ra \leqslant 3.2\ \mu m$					
			C	$3.2\ \mu m＜Ra \leqslant 6.3\ \mu m$					
			D	$Ra＞6.3\ \mu m$					
			E	未答题					
2	$\phi 28_{-0.033}^{0}$ mm	6	A	符合公差要求					
			B	超差≤25%					
			C	25%＜超差≤50%					
			D	超差＞50%					
			E	未答题					
	表面粗糙度	4	A	$Ra \leqslant 3.2\ \mu m$					
			B	$3.2\ \mu m＜Ra \leqslant 6.3\ \mu m$					
			C	$6.3\ \mu m＜Ra \leqslant 12.5\ \mu m$					
			D	$Ra＞12.5\ \mu m$					
			E	未答题					

续表

试题代码及名称				CG501A－01 要素组合轴一	考核时间		240 min			
评价要素		配分	等级	评分细则	评定等级					得分
					A	B	C	D	E	
3	$30_{-0.52}^{0}$ mm	5	A	符合公差要求						
			B	超差≤25%						
			C	25%<超差≤50%						
			D	超差>50%						
			E	未答题						
	三角形螺纹 M16×1.5－8g	18	A	符合公差要求						
			B	超差≤25%						
			C	25%<超差≤50%						
			D	超差>50%						
			E	未答题						
4	表面粗糙度	4	A	$Ra≤3.2$ μm						
			B	3.2 μm<Ra≤6.3 μm						
			C	6.3 μm<Ra≤12.5 μm						
			D	Ra>12.5 μm						
			E	未答题						
	牙型角 60°±10′	4	A	符合公差要求						
			B	超差≤25%						
			C	25%<超差≤50%						
			D	超差>50%						
			E	未答题						
5	圆锥面 48°±10′	5	A	符合公差要求						
			B	超差≤25%						
			C	25%<超差≤50%						
			D	超差>50%						
			E	未答题						

续表

试题代码及名称				CG501A—01 要素组合轴一	考核时间			240 min	
评价要素		配分	等级	评分细则	评定等级				得分
					A	B	C	D	E	
5	表面粗糙度	3	A	$Ra \leqslant 3.2~\mu m$						
			B	$3.2~\mu m < Ra \leqslant 6.3~\mu m$						
			C	$6.3~\mu m < Ra \leqslant 12.5~\mu m$						
			D	$Ra > 12.5~\mu m$						
			E	未答题						
	圆锥面 $96° \pm 20'$	5	A	符合公差要求						
			B	超差 $\leqslant 25\%$						
			C	$25\% <$ 超差 $\leqslant 50\%$						
			D	超差 $> 50\%$						
			E	未答题						
6	$18_{-0.18}^{0}$ mm	4	A	符合公差要求						
			B	超差 $\leqslant 25\%$						
			C	$25\% <$ 超差 $\leqslant 50\%$						
			D	超差 $> 50\%$						
			E	未答题						
	表面粗糙度	3	A	$Ra \leqslant 3.2~\mu m$						
			B	$3.2~\mu m < Ra \leqslant 6.3~\mu m$						
			C	$6.3~\mu m < Ra \leqslant 12.5~\mu m$						
			D	$Ra > 12.5~\mu m$						
			E	未答题						
7	$\phi 50_{-0.16}^{0}$ mm	4	A	符合公差要求						
			B	超差 $\leqslant 25\%$						
			C	$25\% <$ 超差 $\leqslant 50\%$						
			D	超差 $> 50\%$						
			E	未答题						

续表

试题代码及名称			CG501A－01 要素组合轴一		考核时间		240 min		
评价要素	配分	等级	评分细则	评定等级					得分
				A	B	C	D	E	
8	径向跳动 0.06 mm	5	A	符合公差要求						
			B	超差≤25％						
			C	25％＜超差≤50％						
			D	超差＞50％						
			E	未答题						
	端面跳动 0.06 mm	5	A	符合公差要求						
			B	超差≤25％						
			C	25％＜超差≤50％						
			D	超差＞50％						
			E	未答题						
9	其余 表面粗糙度	3	A	$Ra≤3.2\ \mu m$						
			B	$3.2\ \mu m＜Ra≤6.3\ \mu m$						
			C	$6.3\ \mu m＜Ra≤12.5\ \mu m$						
			D	$Ra＞12.5\ \mu m$						
			E	未答题						
10	倒角 $C1.5$ mm	1	A	符合要求						
			B	倒角宽度：0.5～0.8 mm 或 1.2～1.5 mm						
			C	倒角宽度＜0.5 mm						
			D	倒角宽度＞1.5 mm						
			E	未答题						
11	操作安全， 场地清理	8	A	操作安全文明，工完场地清						
			B	操作较文明，场地整理清洁						
			C	操作较文明，场地不够清洁						
			D	操作野蛮，场地不清扫						
			E	未答题						
合计配分	100		合计得分						

考评员（签名）：

等级	A（优）	B（良）	C（及格）	D（差）	E（未答题）
比值	1.0	0.8	0.6	0.2	0

"评价要素"得分＝配分×等级比值。